北大修心课

周煦涵◎著

台海出版社

图书在版编目（CIP）数据

北大修心课 / 周煦涵著. —北京：台海出版社，
2018.6
ISBN 978 - 7 - 5168 - 1900 - 5

Ⅰ.①北… Ⅱ.①周… Ⅲ.①人生哲学—通俗读物
Ⅳ.①B821—49

中国版本图书馆 CIP 数据核字（2018）第 099292 号

北大修心课

著　　者：周煦涵

责任编辑：戴　晨　　　　　责任印制：蔡　旭

出版发行：台海出版社
地　　址：北京市东城区景山东街 20 号　邮政编码：100009
电　　话：010－64041652（发行，邮购）
传　　真：010－84045799（总编室）
网　　址：www. taimeng. org. cn/thcbs/default. htm
E - mail：thcbs@126. com

经　　销：全国各地新华书店
印　　刷：香河利华文化发展有限公司
本书如有破损、缺页、装订错误，请与本社联系调换

开　　本：710mm×1000mm　　1/16
字　　数：250 千字　　　　　印　　张：20
版　　次：2018 年 7 月第 1 版　　印　　次：2018 年 7 月第 1 次印刷
书　　号：ISBN 978 - 7 - 5168 - 1900 - 5
定　　价：49. 80 元

　　北京大学作为中国公认的最高学府与综合实力第一的大学，见证了中国近现代三百年的沧桑风云历史，也对中国历史进程起了十分重要的作用。这所古老而悠久的校园中积淀了中国深厚的文化底蕴和思想理念，而这些文化理念中最为重要的一点便是人的心灵的建设。

　　本书撷取了很多北大先哲、当代北大人和各界精英的哲思妙语，并根据写作需要加入了相应的经典案例，当然也不乏作者的一点儿管窥之见，给读者指出了心灵的修炼方向，并从生活中的实际出发，向人们阐述了内心烦乱的主要因素：消极的看法、无尽的贪念、心灵的狭隘、虚无的空念、内心的犹豫、过分的苛求、无用的抱怨。并结合一些富有哲理的小故事，融入作者个人的感悟，帮助读者找到自身的问题所在，帮助你们调整心态和看问题的角度，最终摆脱烦恼的困扰，活出自己的快乐和幸福，运用心智的力量取得不凡的成就。

　　以本书的篇幅，不足以尽述深奥的修心理念。所以，本书没有强求全面，而是以北大先哲的修心理念为引导，同时对生活中的问题进行了有针对性的解说与阐述，这样做是为了让读者能够保持轻松的心态去领略北大的智慧与魅力。

　　本书将传授给您 12 种修心妙方，包括如何修炼心的强度，拥有"我的意志我主宰"的魄力；心的静度修炼，教你如何感受生命的真谛；如何进行心的空度修炼，远离人生的种种烦恼与不安；如何进行心的宽度修炼，把烦恼看开、把名利看轻、把得失看淡、把恩怨看破……全面打造您的心灵世界！

本书内容丰富、充实，避免枯燥的理论知识与说教色彩，力求立足现实生活的实际情况，用极为通俗易懂的语言使你了解到更为实用的修心理念与生活智慧，它既注重修心方法的介绍，又有经典案例，是一本不可多得的心灵历练参考书。每天只需要花费 10 分钟，便可以让你在忙碌的生活中找到休憩的港湾，让你在人生的这条长河中掌控自己的航舵，在烦恼的时候教你从容，在失意的时候让你振奋，在焦躁的时候获得平静，在失落的时候获得心灵的慰藉，在纠结的时候获得释怀，在迷茫的时候找到希望的灯火，让你远离生活中的一切扰乱我们内心的烦杂和喧嚣，领悟到生命的真谛，体味到切实存在我们周围的快乐和幸福，获得洒脱和惬意的人生！

目录
CONTENTS

第 1 章　心的力量：改变命运的最大的力量

第 2 章　心的强度修炼课

第3章　心的空度修炼课

第4章　心的静度修炼课

第8章　心的顺度修炼课

第9章　心的醒度修炼课

第 10 章　心的深度提升课

第 11 章　心的善度提升课

第 12 章　心的熟度修炼课

第 1 章

心的力量：改变命运的最大的力量

1. 改变命运的最大力量来自于心的力量

心，是纠缠你一生的因，是成就你一切的根。

——北大心理与认知科学学院课程理念

北京大学心理与认知科学学院教授指出，在这个世界上，改变命运的最大力量来自于心的力量。每个人的心力有三大块：一是心魂的力量，二是心态的力量，三是心智的力量。其中，在这三种心力之中，最为关键的就是心魂，即人的精神。

一个人能否成就大事业，有所大成就，最为关键的不是能力，不是知识，不是环境，而是看他是否有雄心，是否有战无不胜的斗志，有没有坚持到底的意志力，是否有百折不挠的韧劲，有没有威武不屈的气概，这便是人的心魂。一个人如果拥有强大的精神力量，便能够取得超乎常人想象的成就，同时也能在人生的关键时刻创造出奇迹来。

在 2010 年的一天，一家医院曾经发生了这样一件事情：

初夏的一天，凌晨 2 点多，在医院的一间抢救室内，两位护士正在一位快要停止心跳的病人旁边守夜。其实，在前一天下午6点多钟的时候，一个紧急电话就打到病人的家中，让他家人赶快到医院来为他准备后事。

当家人赶到这位临危的病人床边的时候，病人已完全处于昏迷的状态，他的心脏病严重地发作了。一家人都在外面的走廊上焦急地等待，有的在担心，有的在祈祷。

就在病房中，两位女护士忙碌地对病人进行了最后的挽救。她们每人抓住病人的一只手腕，力图摸到他脉搏的跳动。因为病人在整整6个小时之内都未能够脱离昏迷的状态，医生已经为他做了力所能及的一切，最终离开了这个病房。

这个时候，奄奄一息的病人丝毫不能够动弹，然而，他听得到护士们的声音。在昏迷状态的某些时间里，他能相当清楚地思考。他听到一位护士紧张地说：

"他停止呼吸了！你能摸到脉搏的跳动吗？"

回答是："不能。"

他一再听到这样的问答："现在你能摸到脉搏跳动吗？"

"不能。"

"我很好，"他想，"但我必须告诉她们，无论如何我必须告诉她们。"同时他对护士们这种近于愚蠢的亲切又觉得很有趣。他的内心在不停地想："我的身体状况很好，并非即将死亡。但是，我怎么能够告诉我的家人这一点呢？"

于是这位病人想起了他所学过的自我激励的语句："如果相信你能够做这件事，你就能完成它。"他试图睁开眼睛，但是失败了。他的眼睑不听他的命令。事实上，他什么也感觉不到。然而他努力地睁开双眼，直到最后他听到这句话："我看见一只眼睛在动——他仍然活着！"

"我并不感到害怕，"病人后来说，"我仍然认为那是多么有趣啊！有一位护士不停地向我叫道：'先生，你在那里吗？……'对这个问题我要以闪动我的眼睑来作答，告诉她们我很好——我仍然在世。"

在相当长的一段时间后，病人通过不断努力睁开一只眼睛，接着又睁开另一只眼睛，在不停地与死亡做斗争。最终，他战胜了死神，活过来了，被医院工作人员称为一种"奇迹"。

这位病人在临死之时，仍旧能够依靠他强大的精神力量去战胜死神，获得重生，创造了超乎常人想象的奇迹，由此可见心魂对人所起的巨大作用。

关于心魂，北大教授指出，心魂对人能够产生巨大的作用，对一个人是如此，对一个团队、一个国家更是如此。许多人都看过《亮剑》，亮剑精神就是中国军人的军魂。回首看历史，秦皇汉武、成吉思汗……再看看当今的风云人物张瑞敏、牛根生、史玉柱……我们能够看出什么是人一生中最为重要的东西，当然是魂，正是这些魂支撑他们创造了一个个不凡的业绩和超乎常人的奇迹。北大的"兼收并蓄"也是魂，它能支撑北大建立起了博大精深的文化底蕴和人文厚度，使它成为一个与中国近现代命运息息相关的神圣殿堂。

可以说，心魂是一个人不断奋发的精神支柱和精神向导，也让生命的意义得以体现。因此，正如北大教授所说，一个人如果想要有所成就，首先要重新建立心魂。

2. 心态是一切的根源：想改变一切，先改变自己

相由心生，改变内在，才能改变面容。一颗阴暗的心托不起一
张灿烂的脸，有爱心必有和气，有和气必有愉色，有愉色必有婉容。

——翟鸿燊

心力的第二种巨大的力量便是心态的力量。心态即心理状态。
心态能够衬托出一个人的精神状态，一个人的心态，对个人的人生
成长与发展有着巨大的影响。北大国学班特聘教授指出，良好的心
态不仅可以让人更好地取得成功，还能够更好地享受生活，获得幸
福和快乐，提升幸福程度。北京大学客座教授翟鸿燊也指出，快乐
和悲伤都由心所生，它不会受到任何理由或者外界事物的影响。也
就是说，生活中，任何的烦恼和快乐都是内心所决定的，如果你用
悲观的心态看待事物，最终不仅极难成功，获得的也只能是烦恼和
痛苦；而如果以积极的心态看待事物，便很容易摆脱挫折和磨难，
走向成功，并时时能获得快乐和满足感。

艾伦·希伯来有两个可爱的儿子：大儿子卢卡斯是个悲观的人，
平时看上去总是忧心忡忡的；二儿子雷奥却是个积极乐观的人，每
天总是以微笑示人。为此，艾伦·希伯来看到卢卡斯很不高兴，很
想让他赶快快乐起来，于是，便对他疼爱有加。

一年的圣诞节来临之前，艾伦·希伯来要送给两个儿子他们心
爱的礼物。在当天夜里，他就把礼物挂在家中的圣诞树上。第二天
早晨，兄弟俩就都起来了，都想着父亲会送给自己什么样的礼物。
父亲送给哥哥卢卡斯的礼物有很多，有气枪，一双可爱的羊皮手套，
还有一辆崭新的自行车和一个十分漂亮的足球。而哥哥就将自己的

礼物一件件地取下来，但是脸上却没有丝毫的表情，看上去忧心忡忡的。

见状，父亲就问卢卡斯："这些礼物都不是你所喜欢的吗？"卢卡斯忧心忡忡地说道："你自己看看吧，我拿着气枪出去玩的话，一定会打到别人，难免会给自己招来祸端；而这一双羊皮手套则很是暖和，但是如果我戴着出去，一定会挂在树枝上面，这样一定会生出极多的烦恼和麻烦；还有这辆自行车是很好玩，但是我说不定会撞到墙上，摔跟头；而这个足球，我终究会把它踢爆。"父亲听罢，丧气地出去了。

刚刚出门，就看到小儿子雷奥，他好像一个快乐的天使似的。然而，他除了收到一个纸包，什么也没有。但是，当他打开纸包以后，就哈哈大笑，兴奋得不得了。一边笑一边跑，好像在院子中寻找什么。父亲就问他："你为何如此高兴？"他说："我得到了一包马粪，咱们家中一定藏着一头小马驹。"最终，雷奥果然在庭院后面的一间屋子找到了一匹小马驹，然后就兴奋地跳起来。随后，父亲也跟着大笑起来："真是一个快乐的圣诞节啊！"

由此可见，悲观和乐观皆是内心所生，它与外界事物的好坏和境遇的顺逆并无多大的关系。具有悲观的心理，无论你得到什么，都不会感受到丝毫的快乐。而具有乐观的心态，就是一无所有，也是幸福和快乐的。

在成功的道路上更是如此。不怕别人看不起你，就怕你自己也看不起自己。没有一个人是无价值的，除非你自己把自己当作破石头放在烂泥里，没有人能够给你的人生下任何的定义。你选择怎样的道路，就决定了你有怎样的人生。

一个不会游泳的人，总是更换游泳池是无法解决问题的；一个缺乏能力的人，总是换工作也是无法提高自身的能力的；一个不懂得经营家庭的人，怎么换爱人都解决不了问题……可以说，心态是一切的根源，要想改变周围的一切，必须要先改变自己。你所爱的、恨的，都是由你内心所生的，你变了，一切也就变了。你的世界是由你创造出来的，你内心是阳光的，那么你的世界也是充满阳光的；你内心盛满爱，你就生活在爱的氛围内；同样的，你若每天都抱怨、挑剔、指责、怨恨，你就生活在地狱里。所以说，心态是一切的根源，它有着强大的力量，可以支配你的周围世界和你的生存状况。有什么样的心态，就会有什么样的人生，也会有什么样的成就。

3. 非凡与平凡的根本差别在于心智

心是引爆力量的源泉，是成就一切的根本。

——北大课程理念

北京大学教授指出，所谓的心智，是指一个人掌握知识信息的程度，以及运用知识信息来解决问题的能力。一个人心智能力的强弱，与他对知识的积累是非常有关系的，更与自己的付出和努力等有关。一个十分重视学习的人，他的心智能力自然会高；一个不断学习，不断进取的人，其心智水平自然会上升得很快。

关于心智的力量，心智财富学苑创始人指出，在生活中，我们所做的事情的结果都源于行动，行动则主要源于选择，而选择则源于思想，而思想，则主要源于我们的心智。可以说，心智结构的差异，造成对事物的认知理解的不同，进而导致行为选择的不同，最终形成不同的命运。实际上，我们的外在境遇都只是内在心智结构的呈现，了解、掌握了这个秘密，就找到了把握我们的命运的钥匙。

一个村庄中有两位年轻人，一个叫小朋，一个叫小明，两人是很要好的朋友。因为他们居住在偏远的山区，谋生不容易，所以，就相约到外地去做生意。他们两人同时将家中的田地变卖，带着所有的财产和驴子出发了。

他们先到了一个生产麻布的地方，小朋对小明说道："在咱们家乡，麻布是很值钱的东西，我们要把所有的钱取出来换成麻布，带回故乡去卖，一定能赚大钱的。"小明觉得这个想法不错，于是就同对方一起，买了很多的麻布，细心地捆绑在驴子的背上面。

紧接着，他们又到了一个盛产毛皮的地方，那儿正好也缺少麻布，小朋就对小明说道："毛皮在咱们家乡也是十分值钱的东西，我们可以在这儿把麻布卖掉，换成毛皮，这样不但可以收回本钱，返乡之后还能得到极高的利润。"

小明说道："不了，我的麻布已经极为安稳地捆在驴背上了，要搬下来太不容易了。"

小朋就把自己的麻布全部换成了毛皮，还多了一笔钱，而小明依然有一驴背的麻布。

紧接着，他们又继续前进到一个生产药材的地方，因为那里天气苦寒，正好缺少毛皮和麻布，小朋就又对小明说道："在咱们家乡，药材是更加值钱的东西。我们可以把麻布卖了，换成药材带回故乡一定能够大赚一笔的。"

而小明则再次拍拍驴背上的麻布说道："不了，我的麻布已经很是安稳地在自己的驴背上了，何况已经走了那么长的路，卸上卸下真是太过麻烦了！"随即，小朋就又把皮毛都换成了药材，还大赚了一笔。而小明依然有一大驴背的麻布。

后来，他们又路过一个盛产黄金的城市，那个金矿城市是个不毛之地，很是欠缺药材，当然也极为缺少麻布。小朋就对小明说道："在这里药材和麻布的价格很高，黄金却很便宜，咱们故乡的黄金十分昂贵，我们只要将药材和麻布换成黄金，这一辈子都不愁吃穿了。"

小明再次拒绝了，说道："不，不，我的麻布在驴背上面很是稳妥，我不想变来变去的。"而小朋则把自己的药材换成了黄金，又赚了一大笔，而小明依然守着自己一驴背的麻布。

最后，他们回到了家乡，小明就变卖了麻布，只得到一些蝇头小利，与他的辛苦远远不成比例，而小朋则不但带回家一大笔财富，还把黄金变卖了，成为当地的大富豪。

小明和小朋原本在同一起跑线上，因为自身选择的不同，造成不了不同的命运，其根本原因就在于心智的不同。当然，影响和制约我们的心智结构的形成，主要有两种因素，情绪以及境界。所以，我们要想成就大事业，首先要学会控制自身的情绪，同时也要通过不断地努力学习，提升自我境界，一切从大局着眼，做出正确的选择，进而才能抓住机会，实现人生的最高追求，做出惊人的成绩来。

4. 心是生命的本态

现在很多人感到不幸福的根源就是价值观有问题，许多人把外在因素看得太重，特别是物质上的追求，这样的人肯定得不到幸福。其实幸福是无止境的，选对方向是最为重要的，其中两件东西要牢牢抓住，这就是单纯的生命和丰富的精神。

——周国平（著名学者，作家，毕业于北京大学哲学系）

著名的国学大师，北京大学教授钱穆说：生命中之第一层次即生活方面，比较接近自然，可以说人同其他植物动物的生命，相差得不太远。孟子说"人之异于禽兽者几希"，即是此意。进一步说，我们是为了维持保养我们的生命才有生活，并不是我们的生命为着生活，而是生活为着生命。换一句话讲，生活在外层，生命在内部。生命是主，生活是从。等于说生命是个主人，生活是个跟班，来帮这个主人的忙……物质、生命、心灵三者间的关系，就人类而言，又像是心最先，次及生命，再次及身体，即物质。所以说，宇宙间心灵价值实最高，生命次之，而物质价值却最低。换言之，最先有的价值却最低，最后生的价值却最高。

当然了，钱穆所说的生活无非是指衣食住行，即外在的物质。他认为生活是以生命为目的，也就是说，外在物质只是生命的附从，而心智才是生命的本态。我们要活出真色彩，就必须重视我们的内心。换句话说，一个人保持惬意的心境，比拥有家财万贯要有福气得多。然而，在生活中，很多人贪念太多，在不知不觉中迷失了方向，一心去追求外在的物质，忽视了内心的感受，直到临终时才后悔莫及。

从前，有位家财万贯的富人，一共娶了四位夫人。他最宠爱的是他的四夫人，因为她长得年轻漂亮，终日与她恩恩爱爱，从来不离不弃；其次，他疼爱的是三夫人，因为三夫人本身也很有魅力；再次，他还十分疼爱二夫人，因为当初在贫困的时候，二夫人曾经与他共患难过，但是他富贵之后就将她慢慢地淡忘了。而最受冷落的还是他的原配夫人，他对这位夫人从来没有重视过，因为她既长得不漂亮也缺乏魅力，只让她每天做家务，像对待仆人那样要求她干粗活。

后来，这位富人患了不治之症，临终时，他就将四位夫人叫到身边，这样说道："我活不了多久，很是孤单，现在我想让你们中的一位陪我上路。"说着，他看了看四夫人，说道："四夫人，我平生最为疼爱你，时刻也不想离开你，现在我已经活不了多久了。我死了以后，很是孤单，我虽然有很多妻子，但是我只想带你离开。你愿意陪我一起走吗？"

这位妻子听后大惊失色，惊叫道："不行，不行，你年纪大了，要死是当然的，可是我还很年轻，你死之后，我还得好好地生活下去呢！"

富人听后，伤心地叹了一口气。然后就将三夫人叫过来，仍旧依照对四夫人说过的话向她提出要求。三夫人一听，吓得浑身直哆嗦，连忙说："我现在这么年轻，可不想这么早就随你去，我还想嫁人幸福地过完下半生呢！"

富人听了又深深地叹了一口气，摆摆手，命三夫人赶紧退去。然后将二夫人叫过来，希望二夫人能够陪他一起死去。

二夫人听罢，连忙摆手道："不可，我怎么能够陪你死呢？四夫人与三夫人平时什么事情都不肯做，而我必须得管理家中的事务，所以更不能够陪你死去。不过，你死之后，我一定会把你的葬礼办得风风光光的。"

富人听到此，难过得掉下了眼泪，没想到，自己一生最钟爱的几位夫人，对自己却是这样。最后，他又将平时最不关心的大夫人叫到跟前，对她说道："我以前一直冷落你，真是太对不起你了。现在我要死去了，在黄泉路上真是太孤单了，你肯陪我一起过去吗？"

大夫人听此，并没有有丝毫的慌张，答道："嫁夫随夫，现在你要去世了，做妻子的如何能够活得下去呢，不如与你一同死去的好！"

"你真的情愿随我一起去死？"富人十分地惊讶，也十分意外。并由衷地感叹道，"哎，早知道你对我如此忠心，我平时根本不会冷落你。我平日里对四夫人、三夫人爱护得比自己的命还重要，对二夫人也不薄，但是到今天，她们却忘恩负义，当我死的时候，还如此狠心地把我一个人丢下。想不到我平时不重视你，你反倒愿意随我一同死去。"

故事中的四夫人，就如同我们外在的身体。在生活中，我们都喜欢将自己的外表打扮得光鲜亮丽，都喜欢追求名利，到死的时候才知道外表的光鲜终究只是一场空。要改嫁的三夫人就好比你一生为之追求的财富，生前拥有再多的财富，到最后也带不走，终究是要留给活人的。二夫人就是我们在穷困时才想起的亲戚和朋友，他们因为还有太多的尘世未了，在你临终的时候，只会去送你一程。在平时被多数人所忽略的大夫人，实则就是指我们的内心，到生命的尽头也只有她才愿意跟着我们走进坟墓。由此可知，自己的内心才是生命的本态，生命正因为有了它的陪伴，才体味到酸甜苦辣，才能异常丰富，它才是我们生命中最值得珍视的东西。

毕业于北京大学的周国平指出，现代人都忙于从外部世界求幸福，而忘了从自己身上找幸福。把生命本真的需要和物质欲望混为一谈。本真的需要即平凡而永恒的需要，它是容易满足的，但物质欲望是无穷尽的。等到人之将死的时候才发现，一切都是一场空，唯有自己的内心才最忠实于自己的生命，只有内心的感受才是我们最应该在乎和把握的。

所以，生命是因内心的存在而变得鲜活而有意义的，我们要时刻关注自己的内心，随心而活，才是对生命最好的善待。

5. 心的威力：可以制造天堂，也可以制造地狱

这世间所有的问题，都可以还原成心的问题。

——北大心理与认知科学学院课程理念

翟鸿燊指出，一个人的处境常常是内心的主观反映，外界境遇的好坏，皆是心理作用的结果。这告诉我们，外界其实根本无法左右我们，能左右我们的在于心的力量。尤其是人们在面对险境时，往往会产生恐惧心理，而这种恐惧心理对人的危害要比恐惧本身可怕十倍，乃至二十倍。

一个旅行团在一个偏僻的山区遇到了暴风雪，无奈被困在一个小山村中。

好心的村民们给了他们一些食物，食物有些不太新鲜。为了安全起见，大家在食用之前，就先把一些食物扔给狗吃。狗当然吃得很过瘾，也没什么不好的反应。然后，大家也就放心大胆地食用了。

随后，那只吃了食物的狗出去没多久便死去了，所有的人都惊呆了。大家不约而同地想到：狗是因为吃了有毒的食物而死亡的。

不一会儿，旅行团的人陆续也有了食物中毒的反应。有的人开始呕吐，有的人开始发烧，有人开始拉肚子……整个旅行团都被恐惧的气氛笼罩着。

村中的医生闻讯赶来，为他们诊断治疗，却查不出任何的毛病。医生请人去追查狗的死亡原因，结果发现狗是被汽车撞死的，而非是食物中毒。

当旅行团的人们得知狗是被汽车撞死的消息之后，食物中毒的反应也迅速地消失了。

生活中，类似的事例不胜枚举，很多时候，伤害我们的往往并非外界的境遇，而是内心的恐惧。

某医学院有一位心理学教授，曾经在课堂上发给每个学生一颗药丸，说这颗药物可以使血压上升。服药后不久，测量血压，多数学生的血压都上升了。其实，那仅仅是一颗糖果而已。

还有一位病人，因为感冒咳嗽到医院去看病，经过 X 光检查，说是得了癌症，病人知道这个消息之后，病情就更加严重了，几乎没法下床了。

随即，一个星期后，医院又打来电话道歉说，经过重新检视原来的 X 光片，发现他得的病仅是普通的感冒，而非癌症。那病人一听，立刻从床上跳起来，病马上就好了。

由此可见，心念的力量，的确是非常强大的。对于一件事物，如果你反复想，什么都有可能变成真的。

心理学研究指出，一个人如果始终保持着一种健康、积极、乐观的心理状态，那么，他的体内就会产生许多有益于心理健康的化学元素，从而使肌体更加健康。反之，如果一个人心理脆弱，承受不良刺激的能力较弱，在遇到挫折的时候，总是悲观、失望，那么，他的体内便会产生一种抑制身体健康的化学元素，从而危及人体的健康。不同的心理造成了不同的命运，都是内心所产生的神奇的力量。

6. 真正的困难其实在心中

生活中其实没有绝境，绝境在于你自己的心没有打开。你把自己的心封闭起来，使它陷于一片黑暗，你的生活怎么可能有光明！封闭的心，如同没有窗户的房间，你会处在永恒的黑暗中。但实际上四周只是一层纸，一捅就破，外面则是一片光辉灿烂的天空。

——俞敏洪（毕业于北京大学，新东方教育集团董事长兼总裁）

有一位科学工作者做了这样一个实验：

在一个黑咕隆咚的屋子中，铺了一条独木桥。科学家对实验者说："这屋子很黑，前面是一座独木桥，现在我领着你们过桥。你们只要跟着我走就行了。"

十个人就跟着教授，如履平地，稳稳当当走过了独木桥，顺利地来到屋子的那一端。这个时候，教授便打开了一盏灯。这些人定睛一看，都吓呆了。原来他们刚刚走的，不仅仅是一座独木桥，在独木桥下面，是一个巨大的水池，水池中养有几十只鳄鱼，正在张着血红的大嘴，看着上面。

这位教授说："来吧，这就是刚才你们所走过的桥。现在我要再走回去，你们还有几个人愿意跟着我走回去？"

这时，一个人也没有！所有的人都站在那儿不动弹了。教授说："我要求你们，一定要站出来，真正的勇敢者要跟我过去。"

最终，还是站出来了三个人，而且这三个人里面，有一个走到一半儿腿就打哆嗦了，最终蹲着蹭着过了桥。还有一个人，刚走几步便趴下来了，最终只好爬着过去了。只有一个人还算是走着过去了。教授再动员剩下的那七个人，结果他们说什么也不走。

这个时候，教授又开亮了几盏灯，大家又看到了一个事实：在桥和鳄鱼之间，还有一层防护网。教授说："现在还有谁也愿意跟着我走这个桥呢？"这个时候，又有五个人站了出来，因为知道有了防护网，所以，他们放心地跟着教授走过桥去。

教授问最后的两个人："刚才你们不是从这上面走过来了吗？为何现在就不肯跟着我走回去了呢？"那两个人便哆哆嗦嗦地说："我们一直在想，这个网子它就真的安全牢靠吗？"

同样的独木桥，人们在黑暗无知的情况下，顺利地走了过去；而当知晓下面有鳄鱼时，便退缩了，再也不敢或者无法顺利地走过去。这个实验说明，真正的恐惧并非在外界，而在我们的心中。

在奋进的过程中，我们不可避免地会遇到像走独木桥一般的困难或者绝境，让我们内心绝望。但是，要知道，真正的绝望在于我们的内心，是我们的内心给自己设置了"不可能"的关卡，使我们寸步难行，无法动弹，看不到希望。心病还需心药医，要真正走出困境，就要搬掉心中的大山，重新在心中种下信念的种子，总有一天，你便能走出困境，让生命重新开花结果。

7. 观念不同，定位不同，人生就会不同

有些人一生没有辉煌，并不是因为他们不能辉煌，而是因为他们的头脑中没有闪过辉煌的念头，或者不知道应该如何辉煌。

——俞敏洪

俞敏洪曾说，人的生活方式有两种，第一种方式就是像草一样的活着，第二种方式是像树一样的活着……当你想得到他的注意的时候，你必须要成为地平线的一棵大树。人是可以由草变成树的，

因为人的心灵就是种子。你的心灵如果是草的种子，你就永远是一棵被人践踏的小草。如果你的心灵是棵树的种子，你早晚有一天会长成参天大树。这其实告诉我们，心灵是种植希望的种子的地方，你有什么样的种子，就会有什么样的观念，接着就会选择什么样的平台，最终就会造就什么样的人生。

有一天，14岁的小明跑过来，问爸爸说："爸爸，人生的最大价值是什么呢？"爸爸说道："你到后花园搬一块大石头过来，拿到菜市场上去卖，假如有人问价，你不要讲话，只需要伸出两个指头；假如他跟你还价，你不要卖，就抱回来，我就会告诉你答案。"

第二天一大早，小明便抱了一块大石头，到菜市场上去卖。菜市场上人来人往，人们都十分好奇，一位家庭主妇走了过来，问道："石头多少钱卖啊？"小明伸出了两个指头，主妇说："两块钱？"小明摇摇头，家庭主妇说："那么是20元？好吧，好吧，我刚好拿回去压酸菜。"小明听到很是惊讶，想道："这一文不值的石头竟然也有人出20元钱去买，我们家有的是呢。"

于是，小明没有卖，乐呵呵地去见父亲，说："爸爸，今天有一个家庭主妇愿意出20元钱买我的石头。你现在可以告诉我，人生的最大价值是什么了吗？"

爸爸说："不着急，你明天一大早，你把石头搬到博物馆中去，假如有人问价，你依然伸出两个指头；如果有人向你还价，你不要卖，再重新抱回来，我们再谈。"

第二天早上，在博物馆中，一群好奇的人围上来，窃窃私语："一块普通的石头，有什么价值呢？"这个时候，有个人出来，冲着小明大声地喊叫："这块石头多少钱啊？"小明没有出声，伸出两个指头，那个人说："200元？"小明摇了摇头。那人说道："2000元就2000元吧，刚好我要用它雕刻一尊神像。"小明听到此话，感到十分地惊讶！

　　他便依然遵照爸爸的嘱托，将这块石头抱回了家，去见父亲，说道："爸爸，今天有人要出 2000 元买我这块石头，这回你可以告诉我，人生的最大价值是什么了吧？"爸爸哈哈大笑，说道："你明天再把这块石头拿到古董店去卖，照例有人还价，你就把它抱回来。这一次，我一定会告诉你答案。"

　　第三天一大早，小明又抱着那块大石头来到了古董店里，依然有一些人围观，有一些人谈论："这是什么石头啊？在哪儿出土的呢？是哪个朝代的呀？是做什么用的呢？"终于有一个人过来问价："你这块石头多少钱卖啊？"小明依然不声不语，伸出了两个指头。"20000 元？"小明睁大了眼睛，张大了嘴巴，惊讶地大叫一声："啊?!"那位客人以为自己出价太低，气坏了小明，立即纠正道："不，不，我说错了，我是要给你 20 万元！"

　　"20 万元！"小明听到这里，立即抱着石头，飞奔到父亲那里，气喘吁吁地说："爸爸，爸爸，这下我们发达了，今天有一个人要出价 20 万元购买我们的石头！你现在可以告诉我，人生的最大价值是什么了吧？"

　　父亲说道："孩子啊，你人生最大的价值就好像这一块石头，如果你把自己摆在菜市场，你就只值 20 元钱；如果你把自己摆在博物馆，你就值 2000 元；如果你把自己摆在古董店，你就值 20 万元！观念不同，寻找的平台不同，定位不同，人生价值就会不同啊！"

　　一位北京大学教授说："将相本无种，男儿当自强。自强，人人都想，但究竟自强要从哪个方面开始呢？当然要从心开始。这个世界从根本上讲，是属于有心人的。因为有心，才能创造财富，才能积聚力量。成功的要素太多太多，而要把这一系列的要素聚合在一起，则只有一种东西能够做到，它就是神奇的心。"上述故事中的小明的举动也告诉我们，要想使自己的人生发挥最大的价值，首先一定要先从思想上改变，要有自信，要认为自己不平凡，才能努力奋进，将自己放在一个好的平台上，发挥出生命最大的价值来。

8. 塑造积极的心理暗示，是成功的基础

其实，正如一位佛学大师所说，人生中任何浮沉、苦乐、正邪、盛衰……都是由心决定的。人，受思想支配，受认识指导。

——北大心理与认知科学学院课程理念

一位心理学家指出，一个悲观、自卑的人，其"自我内在的心灵"是非常幼稚和虚弱的，这样的人极容易被"消极的暗示"所占领和统治。在某些特定因素的刺激下，他会认为自己不如别人，无法赶上别人，从而进行自我否定，事事都自惭形秽，最终一败涂地。其实，悲观、自卑的人，其容易失败的障碍主要在于其内心，只要克服了内心的"幼稚和虚弱"，那么，便很容易走向成功。

杰克是美国一家铁路公司的一位调车员，他工作认真而负责，但有一个缺点，就是对自己的人生很是悲观，经常以否定的眼光去看周围的世界。

有一天下班后，其他同事都急急忙忙地回家了。不巧的是，杰克不小心被关在了一辆冰柜车里，任凭他如何努力，总是无法把门打开。于是就在冰柜中拼命地敲打着、叫喊着。可因为除他之外全公司的人都走完了，没有一个人来给他开门。杰克的手敲得红肿，喉咙喊得沙哑，也没有人理睬，最终，只是绝望地坐在地上喘息。

他想：冰柜中的温度如果在－20摄氏度以下，在里面待不了多久，便一定会冻死的。于是，他愈想愈可怕。最终，只好用发抖的

手，找来纸和笔，写下了遗书。在遗书中，他这样写道：在这么冰冷的冰柜中，我一定会被冻死的，所以……当第二天公司的职员打开冰柜时，发现了杰克的尸体。同事们感到万分奇怪和惊讶，因为冰柜中的冷冻开关并没有启动，而这巨大的冰柜中也有足够的氧气，在这样的情况下，人不应该被冻死的！

最终的尸检报告也显示，杰克并非是死于冰柜中的温度，而是死于他心中的"冰点"。因为他根本不敢相信这辆一向轻易不会停冻的冰柜车，这一天恰巧因为要维修而未启动制冷系统，颇为悲观的他，连试一试的念头都没有产生，就坚信自己一定会被冻死。

在前进的过程中，每个人心中都潜藏着"冰点"，这种现象便是心理学中常说的"消极的暗示效应"。一般悲观的人总是会怨天尤人，自怨自艾，而在生理上生出许多病来，严重的还可能会导致最终的死亡。与之相反，其积极的心理暗示，就是能够坚信自己一定能行，一定能够办好自己想做的事情，一定会顺利地完成任务，一定能够实现人生的目标，让人充满无限的自信心！拥有这样的信念，就能够跨越一切障碍、险境和困难，走向最终的成功。所以，要想成功，我们一定要塑造积极的心理暗示，它是成功的基础。

9. 修炼强大的内心，任何人和事都无法击败你

伟大的心胸，应该表现出这样一种气质——用笑脸去迎接悲惨的厄运，用百倍的勇气去应付这一切的不幸。

——鲁迅（北大教授）

1983 年，山西发生了一次矿难。当时，五名矿工被埋在井下面。一般情况下，在没有食物的情况下，人只能存活一个星期左右。等

到第八天的时候，其余四名矿工相继死亡。到第九天的时候，救援队终于将最后一名矿工救出来。而这位唯一的生还者，是年龄最大的一个，身体状况并非是五个矿工中最强壮的一个，他已经 50 多岁了。许多人对出现这种结果感到困惑不解，他们纷纷提出了疑问，在同等条件下，老者却可以生还，而其余几个年轻人却死掉了。这是为什么呢？

当地电视台的记者前去采访老者，老者说，我在很小的时候，家里的条件就很差，自小过着苦日子，恶劣的生活环境磨炼了我坚毅的性格，在矿难发生的时候，那些从小养尊处优的年轻人，立刻就陷入了恐慌和绝望之中。时间一天天地过去，他们的生存下去的信念越来越小，最终竟然没有撑到救援队的到来。我不是没有恐慌，但半辈子的磨炼告诉我，恐惧、害怕是无用的，这只能更加让自己处于不利的境地。我始终抱着一个坚定的信念：我一定要活下去，救援队一定会到来。每当我就要昏死过去的时候，我就告诉自己，一定要挺住，结果我又重新见到了光。

老者的回答，深深地感动和震撼了周围的每一个人，所有人都向他投去敬佩的目光。

同样的矿难，同样的遭遇，却造成了两种不同的结果，一个是生命的消逝，一个是冲破黑暗的重生，心理的力量足以改变自我命运。

在现实生活中，很多人在遭遇同样的恶劣事件时，经常出现不同的结果，这也是因为心理作用的结果。上述故事中的老者之所以能够活下来，主要在于其小时候的艰苦环境磨炼了他的内心，使他的内心变得异常强大，而死去的四个人却缺乏强大的内心。一个人如果拥有一颗强大的内心，任何人和事都无法击败它。

在人的一生中，我们无法选择命运，我们不能掌控遭遇，但我们可以切实地控制自己的心理，磨炼自己的心志，让自己内心变得足够强大，让自己的心态变得更为积极。那么，人生路上遇到的所有问题将不再是问题，困境也将不再是困境。如若不然，我们的命运可能将是两种截然不同的结果。

10. 修炼强大的内心，任何事和人都无法伤到你

世界上各家学派，无不以修心为要。

——北大课堂引用

故事一：

一位智者在向人们传递智慧的过程中，曾经经过一个没落的村庄，村庄中突然跑过来一群小恶棍，他们说话很不客气，甚至还口出秽言。

如果是旁人听了，一定会大发雷霆，然后与恶棍互相辱骂起来，甚至还会大打出手。而智者则只是站在那里并且仔细地、静静地聆听，然后就对他们说："非常感谢你们过来找我，我正在赶路，下一个村庄的人可能还在等我，我现在必须要赶过去。等明天回来的时候，我会有非常充足的时间，到时候，你们有何话说，再一起过来找我，可以吗？"

那群恶棍简直不敢相信，还有人这样对他们心平气和地说话，于是，其中一个人就问道："你是怎么回事，难道你没有听到我们刚才所说的话吗？我们骂你骂得那么难听，为什么没有任何反应呢？"

智者心平气和地对他们说道："你想让我有所反应的话，你们的话说得有点晚了。如果你在十年前这样说我，我可能会有所反应。然而，今天，我的内心是不会受任何人控制的，我的心灵已经不再

是别人的奴隶了，我是我自己的主人。我是在依据自己的真实的内心在做事，而不会随便跟随别人去做出什么反应。"

故事二：

有一位妇人，与街坊邻居坐在屋中议论别人的缺点："那个人什么都好，就是有个毛病不好，脾气暴躁，爱生气。"谁知，被说的那位妇人刚好路过门口，听到了这话，就怒不可遏，立即冲进屋中，捉住说话的人，破口大骂，而且还差点大打出手。

众人赶忙上前劝解说："有什么话，好好说，为何非上去就骂人呢？"而她则怒气冲冲地说道："此人在背后说我坏话，还冤枉我脾气暴躁，爱生气，所以该骂！"众人听罢，便说道："人家没有冤枉你啊，看你现在的样子，不是脾气暴躁是什么呢？"

两个故事中的智者和妇人都遇到了同样的情况——受人诋毁。而前者拥有强大的内心，其心灵完全不为外界所干扰，依内心的意愿去处事，所以，在任何时候，他的内心都是安宁、祥和的，不会被外界所伤。而脾气暴躁的妇人，则听到别人的闲言碎语便暴怒，说明其内心很是脆弱，很容易被外界所伤害和干扰。

其实，心灵是我们所有行为和意念的根源，你的快乐、悲伤、感动、愤怒和仇恨等以及所有的贪念皆源于内心，心理脆弱，这些负面的情绪和意念便会左右你，烦恼和痛苦便会如影随形。而一颗强大的内心，则发出的情绪和意念皆是慈祥、和谐、善良的，这些只会给其带来无尽的快乐和幸福。所以，要让自己获得快乐和幸福，必须要修炼一颗强大的内心。

11．内心强大的表现

一个强大的人，必为一个内心强大的人！

——北大课堂引用

一个强大的人，必定会是一个内心强大的人！也只有一个人的内心强大了，才是真正的强大。那么，内心强大，主要表现在哪些方面呢？

内心的强大，是一种不纠缠、不羁绊的状态。所谓"心轻上天堂"，就是说无牵无挂、不计较、不被琐事烦扰的心灵才可以感到天堂的宁静和美好。内心强大的人，对未来时时充满希望，在打击面前，也能够迅速地恢复理智，从不将挫折和磨难放在心上，好似从未被什么击倒和折磨过一般。

内心强大的人，即便是在最艰难的日子里，也会一直坚守自己的信念，绝对不动摇。从不自卑，不自傲，不在乎他人的评价，坚定自身的信念和目标，并不为所动。同时，他们在做重要的决定的时候，能理性地梳理、分析和客观地看待与自己有利害关系的事情，绝对不患得患失，能够很好地控制自身的情绪不为环境和他人所操纵，并且还能够快速地做出判断。

内心的强大，不是心够不够狠，表情够不够冷漠，而是是否自信、豁达；不是行为够不够霸道，而是宽容和谦让。在任何事面前，都能够宠辱不惊、处之泰然。

内心强大的人，时常能够保持平静，他们很清楚自己适合做什么，有什么潜力，是什么样的人，能够理智地面对人生的每一次机会和选择。无论在任何环境下，都有感受爱、幸福和快乐的能力。他们得意时不忘形，失意时不失志，宠辱不惊，不为名利得失或喜或悲。

12. 修心就是要修炼心志

人生最重要的价值是心灵的幸福，而非任何身外之物。

——**北大课程引用**

修心即包括两个方面，修炼心志与修养心性。心志的修炼，就是开发心理的能量，提高心理素质的全面训练。其中以意志修炼为核心。无论哪个领域的成功者，他们的共同特质便是在心志上的超人一等：他们志向远大，永不满足，他们意志坚强，百折不挠，他们执着追求，不懈奋斗；他们勇于拼搏，不断进取……可以说，具有强大心志能量和心理素质，是成就一切的根本。

这也正如一位北京大学特聘教授所说："心是引爆力量的源泉，也是成就一切的根本。牛根生说：'我真正经营的是什么？是人心而已。'其实，又何止是牛根生，凡是能成大事者无一不是经营人心的大师，做的不是'圈心运动'。一切从心开始，修心是所有学说的根本所在，是所有成功者的必修课。"

心志是人之灵魂，是成长之本，也是成功之根基。对于一个人来说，最糟糕的莫过于志残，而最怕的莫过于心死。

一篇报道曾讲述过一位残疾人通过修炼心志将自己从死亡边缘拯救回来的真实案例。

一位残疾人，全身瘫痪，手脚都不能动。当时他对自己已经心灰意冷，陷入绝望的深渊中，并且拒绝一切治疗，并且还有自杀倾向。后来，通过心理治疗，对其进行心志修炼，唤起了他内心的希望，找回了心理的力量，克服了一切困难，翻译了一本又一本的书，还学会了用嘴作画，做到了健全人都做不到的事情！

　　由此可见修炼心志的重要作用。然而，在现实生活中，我们应该怎样去修炼自身的心志呢？

　　1. 及时并定时祛除心中的所有消极的因素和心灵上的阴暗。

　　生活中，我们有"洗脑"和"换脑"之说。但是，要知道，心比脑对人的支配力和影响力更大。所以，我们要及时给自己"洗心""换心"。每天早晚，我们要像洗脸、洗脚那样，给自己"洗心"，将心中的消极因素和心灵的阴暗、悲观、消极的脏东西清洗掉，并且给予积极、进取、不断向前的、阳光的意识，让心重新奔腾起来。这样，你就会发现，生活中的一切都变得顺畅了许多。

　　2. 坚持不断读书，不断学习，提升自己的境界和扩大自己的眼界。

　　心志修炼的核心是"志"，即指志气和意志，它在整个心理能量中占据着十分重要的地位。只要你把握了志气、雄心、气概、意志，就等于把握了心灵的大半。

　　曾国藩特别强调"志"的修炼，他说："人之气质，由于天生，本难改变，惟读书可以变化气质，古之精相法者，并言读书可以变换骨相，欲求变化之法，总须先立坚卓之志。""古称金丹换骨，余谓立志即丹也。"他将立志作为换骨的金丹。而修炼志，唯有多读书，不断提升个人的境界和眼界，才能立大志，有志气，有雄心，有意志。所以，生活中，要修炼心志，一定要多读有益的书籍。

　　3. 给自己制定目标，不断激发上进心和进取心。

　　孔子说："不得中行而与之，必也狂狷乎，狂者进取，狷者有所不为也。"意思是说，我找不到奉行中庸之道的人和他交往，只与狂者、狷者相交往了。狂者敢作敢为，狷者有些事是不肯干的。由此可见，孔子对"狂狷"者的欣赏，因为这与"进取""上进"相连。其实，人最可贵的就是上进心，没有了上进心，人就不可能进步，不可能很好地成长和成功。要激发上进心，就要不断给自己制定目标，不断地激励自己。这也是心志修炼的一个重要的方法之一。

总之，人的精神和心灵发育、成长不是一蹴而就的，而是一个相当漫长的过程。人不可能在眨眼间就变得自信自强、意志坚毅，而是要经过不懈的修炼才能够达到。

13. 修心就是要修养心性

自我们出生以来，由于自我意识的伸张，主观意念把一切问题、现象、事实都扭曲化了，如果不修心，便会一直扭曲下去，生活的环境是个动态的环境，心，也容易走样。不修心，会活得很苦。

——北大课堂引用

修心的另一个重要方面，便是修养心性。修养心性，就是纯洁心灵、完善性格的过程。儒家说："有人心，有道心。"佛家说："心为恶源。"又说："是心是佛，是心作佛。"由此可知，心有两种，心为恶源的心是妄心，是人心；能够作佛的心是真心，是本心。这两种心是人在长期的成长过程中所形成的。是心是佛，是心作佛的心，是人原本的初心，是心的原态，也是生命的共相，这个心本自具足，本自光明，本自圆满，是不需要修的。而恶源的妄心，则是因为人们在长期的成长过程中，本心被外在的物欲所掩盖、埋藏了其原本的光明、圆满、一切具足的特性。所以，妄心是需要我们不断修炼的。为此，可以说，修养心情，主要是纯洁心灵，祛恶从善，完善性格的过程。

那么，要修养心性，主要应从哪几方面去努力呢？

1. 修养心性，从养"气"开始。

实践证明，"气"左右着人生。所以，加强心性修养，必须要在"运气"上下功夫。要修养"运气"，要做到：淡名利，扬正气；严律己，长志气；存差异，聚和气；能容人，显大气；不生气，要争气；勇进取，逞锐气；多理性，少意气；求平等，忌霸气；多总结，弃怨气；宜静心，去躁气；多笑脸，制怒气；盈信心，不泄气；敬长者，勿脾气；喜达观，驱闷气；乐谦让，抑骄气；敢担当，讲义气；常读书，生才气；慎言行，升清气；重情义，增人气；不媚俗，长骨气；敢作为，养浩气。

2. 多读书，勤学习。

读书和学习，被视为获取知识、增长学问、修身养性的有效途径。其实，一个人的精神成长史便是他的阅读史，读书的过程，就是自我完善，自我修炼的过程。艺术与自然是修身养性之道，也可以改变人的气质，但是最为有效的方法还是读书。苏轼诗曰"腹有诗书气自华"，十分精妙地阐述了读书与修养的关系。人的精、气、神最直接的来源是书本，读书可以涤荡人心中的阴霾，滋润心灵的荒芜，丰富人的精神内涵，使人具有一种非凡的气度。所以，读书的目的不单单是增长学问，同时也能让人提升修养，养成高雅脱俗的品行，拥有一种气质之美。

14. 保持并修炼一颗平常心

恶，亚心为恶，只要处在亚心状态，即心态稍微不好，你就可能恶语伤人。

——北大课程引用

保持并修炼一颗初心是修养心性的又一个极为重要的方面。宋代禅宗大师青原行思提出参禅的三重境界：参禅之初，看山是山，看水是水；禅有悟时，看山不是山，看水不是水；禅中彻悟，看山还是山，看水还是水。其实，人生无不是似参禅，一个人出生时，其心是纯洁无瑕的，初识世界，一切都是新鲜的，眼睛看什么就是什么，人家告诉你这是山，你就认识了山，告诉你这是水，你就认识了水。然而，随着年龄的增长，世事经历得越多，我们才渐渐地发现，这个世界很复杂，心中难免会染上一层厚厚的尘埃：对周围的一切都充满了疑虑、不平、警惕。山自然不再是单纯的山，水自然也不再是单纯的水。一切的一切都是个人主观意志的载体，总会将简单的事物复杂化，你若处于这个阶段，不及时地拂去心灵的尘埃，只会苦了自己。

比如，有人看到一位年轻漂亮的女人挽着某个富人的胳膊，就会想到这个女人一定是在利用自己的美色去引诱人家，心中难免会愤愤不平，不了解人家，却又从内心去鄙视她。在这样的人的眼中，美的事物就不再是单纯的美，而被自己内在的一些思维所干扰，这样凭空给自己徒增烦恼，这又何必呢？实际上，我们经常感到不快乐，就是因为我们缺乏欣赏事物原本的真实面目的能力，缺乏一颗平常心。

同样在生活中，我们总是会忽略我们原本可以享受到的安宁。开始休息的时候，就不自觉地会考虑孩子没有考出好成绩而苦恼，想起那个能力不及自己的人却比自己职位高而愤愤不平，想起来自己不再健美的身材而担心……因为我们是如此敏感，所以才让自己失去了原本的快乐，皆因自己缺少了一颗平常心。

要拥有一颗平常心，就要不停地修炼，努力使自己达到人生的第三重境界，终有一天，你会茅塞顿开，回归自然。在这个时候就会专心致志做自己应该做的事情，不会与旁人有任何计较。面对芜杂的世俗之事，便会一笑了之，这样你的内心便不会有过多的繁杂的忧虑，看山又是山，看水又是水了。正所谓：人本是人，不必刻意去做人；世本是世，无须耗尽精力去处世；事也本是事，无须去追求尽善尽美；这便是真正的做人与处世了。

生活有其原本的面貌，面对一切世事，只有看淡了，看平常了，烦恼就不会存在了，因为很多事情都是生活的必然。请静下来，问自己：一辈子做人，怎样才能算是做好了人？一辈子处世，如何算得上是成功的处世？人生在世，无非是让人笑笑，偶尔去笑笑别人；曾经沧海过后，再去回顾以前的世情，无非是云淡风轻，不过也只是反复不停地日升日落罢了。

15. 修心，是解决一切问题的根源

心不修，万事不成；心不修，一生无功！

——北大课程引用

一位北京大学教授说："心为身主，身为心用。人类一切的善恶祸福，皆由心造作。自心修善，令身安乐；自心作恶，念身厄苦。心正成佛，心邪成魔……转移造化，只在人之一心也！……这世间所有的问题，都可以归结成心的问题。其实，每一个学科都是解决心的某一个侧面的问题，例如经济学解决的是心的欲望最大化问题，哲学解决的是人的心智问题，宗教解决的是心的自由度问题，创造学解决的是心的能量满足问题，医学解释的是心的健康运作问题……人心的问题虽多，但最基本的问题却只有四个：一是心的物质欲望，二是心的感情欲望，三是心的健康欲望，四是心的自由欲望……要想解决好这四个问题，那就得抓住问题的根——心。就得一

切从心开始，否则，本末倒置，劳而无功！"由此可见，修心是解决一切问题的根源，修心对个人成长的重要性。

一个人生活中的烦恼和痛苦，皆源于不健康的心理：如贪心、嗔恨、嫉妒等等，都会使我们产生愤怒、烦恼、仇恨和痛苦等，进而还会产生一系列的生理疾病，影响我们的健康，所以，我们就要从修心入手，通过勤修戒定慧，来熄灭贪嗔痴，从根本上铲除一切疾病的根源。

同时，修心又可以改善和缓和人际关系，加强人与人之间的沟通能力和口才能力，进而才能创造双赢的合作关系和人际关系。翟鸿燊说："相由心生，改变内在，才能改变面容。一颗阴暗的心托不起一张灿烂的脸。有爱心必有和气；有和气必有愉色；有愉色必有婉容……口乃心之门户。口里说出的话，代表心里想的事。心和口是一致的。一个境界低的人，讲不出高远的话；一个没有使命感的人，讲不出有责任感的话；一个格局小的人，讲不出大气的话。"而婉容、愉色和好听的话语，归根结底都是内心所生，而这些又是高品质沟通所不可缺乏的重要因素，所以，要建立和谐的人际关系就必须从修心开始。

总之，人的生活状态，幸福程度与事业的成功与失败，成就的大小，皆与其内心有极大的关系。正如：心不修，万事不成；心不修，一生无功。人心向善，就会把万事万物看得很美好，那内心的真善美就不会失衡，也就能够保持一个安康和谐的群体和社会。那时，每个人都能"心意相通"，为人处世自然就会"心花怒放"，"心想事成"。当一个人真正明白了生命的真谛，修成了玲珑剔透的"唯美之心"，那他就不会再发出"我本将心向明月，奈何明月照沟渠"的人生感叹了！

第 2 章

心的强度修炼课

1. 别让挫折阻碍了你前进的步伐

我觉得坦途在前，人又何必因为一点小障碍而不走路呢？

——鲁迅

一位北大教授说："人生的坎坷太多，一个人若没有一颗钢铁般的心，是不可能远行的。身心的麻烦太多太多，若没有挺过去的意志力，是随时都有可能倒下的。"这其实是告诉我们，一个人要想行得远、走得顺，不被挫折和失败绊倒，必须要有一颗强硬的内心，这才能成为真正的强者。

当然，要修炼一颗强硬的内心，要在障碍来临时，不断地消除消极的念头，不断给自己注入积极的念头，不为自己在心理设置障碍，坚持到底，最终走向人生的辉煌。

小富兰克林·罗斯福天生口吃，刚生下来时，生性内向，很容易紧张，而且说话总是断断续续而且含糊不清。每当遇到人，他的脸上总是表现出极为恐惧的表情，而且全身不时地会发抖。

如他一样年龄的小朋友如果遇到这样的情形，一定会拒绝参加

31

各种活动，可能会离群索居，也会拒绝与他人交往，顾影自怜，唉声叹气。然而，小罗斯福并没有那样，虽然天生容易紧张，但是他却能够积极地面对人群，即便同伴们在嘲笑他，他也会不以为然。每次在紧张的时候，他会十分坚定地对自己说："只要我用力咬紧牙关，努力不动摇，不久我就能克服紧张的情绪了！"

小小年纪的罗斯福，每天总能够坚定地告诉自己说："这些缺陷算不了什么，咬咬牙努力克服，就能收获生命的精彩！"每当看到其他的小朋友活力十足地参与各种公共活动时，他都要强迫自己参加，无论自己的口吃会招致多少人的反感！当恐惧产生时，他都会对自己说："我一定能行！"渐渐地，他克服了自己的这些生理缺陷，并且凭着他对自己的这种奋斗精神与自信，最终成为美国第32任总统。

对此，他说："交朋友是一件极为快乐的事情，只要我用快乐的态度与人交往，即便本身的外在形貌再差，人们也仍然会愿意与我交往的。因为每个人都喜欢快乐，不是吗？"

面对生理上的缺陷，人生的障碍，罗斯福并没有陷入悲伤之中，而是将之转化为生命前进的动力，最终收获了成功和快乐。所以，漫漫人生道路，我们切不可因为前进过程中的人为、生理或环境上的障碍而丧失信心，自暴自弃、悲观厌世，只要你不断地激励自己，时刻给自己的内心注入积极的因素，一定能够跨越障碍，获得精神上的自由和快乐的。

2. 相信自己，你也是一颗钻石

不要惧怕失败，即使被踩到泥土里，我们也不能甘心变成泥土，而是要成为破土而出的鲜花，从绝望中寻找希望，人生终将辉煌。

——俞敏洪

一颗强大的心要依靠自信的支撑，一个缺乏自信的人，是很难取得成就的。北大教授季羡林在总结成功经验时，曾将自信视为最重要的因素。他这样写道：自信＋勤奋＋机遇＝成功。无论遇到什么逆境，都要从容面对，勇敢挑战。只要自己正视失误，相信自己的价值，就一定会在跌倒的地方爬起来，最终采摘到成功的鲜花。其实，他是在告诉我们一个真理：在前进的道路上，无论遇到了什么困境，都要时刻记住自己不会失去作为一个人的价值，只要坚持自己，就能够从痛苦的泥潭中爬出来，拥抱成功的喜悦。

其实，每个人都有极大的价值，但是真正认识到这一点的人却不多。在内心中我们的价值有多大，我们就会发挥出多大的价值来。在生活中，我们从来不会发现一个自认为毫无价值的人能够获得成功。每个人都是无价之宝，我们要用钻石的眼光来审视自己，这样才不至于使自己在遇到困境、挫折的时候，一直处于痛苦和沮丧之中，才不至于使自己一直在贫困线上不停地挣扎。

世界上伟大的推销员乔·吉拉德的衣服上通常都会佩戴一个金色的"1"字。有人曾经问他："这个字是不是表示自己是世界上最为伟大的推销员？"他回答说："不是的。因为我是我生命中最为伟大的！"

乔·吉拉德一直认为，这个世界上没有人会比自身更为伟大，自己就是自己最大的财富。我的声音与气息都是与众不同的。其实，他的这种自我肯定的坚定的信念来源于他的生活经历。

乔·吉拉德在 35 岁的时候，还是一个彻头彻尾的穷光蛋，他甚至连自己的妻子与孩子的吃喝问题都很难解决。但是，偶然的一次演讲会改变了他的命运。

在演讲会上，一个演讲者拿出一张崭新的 10 美元钞票，向坐在前排的他问道："你想得到这张钱吗？"他当即就举起了手臂说："想要！"

演讲者又说："我会将这张 10 元钱给你的。但是在给你之前我一定要将之弄一下。"说着，演讲者就把那张钞票揉皱了，接着问他："你还想要吗？"

乔·吉拉德又一次高高地举起了手臂，并坚定地说道："要！"

"好吧，"演讲者继续道，"我要是这样弄它呢？"当演讲者将那张钞票丢到地上，用脚使劲地踩过后，将它再次被捡起来时，已经变得又皱又脏了。

"现在你还要吗？"演讲者又问他。乔·吉拉德又坚定地举起了自己的手臂，仍然说："要！"

"好啦，不管我如何虐待这张钞票，你仍然还想要。因为你也知道它虽然表面上看上去很惨，但是它的价值却没有减损，它依然还值 10 元！"演讲者对他说。

乔·吉拉德当即就明白了，充分认识到了"自己"这个最大的宝库，从此开始，他就不停地向成功靠近，最终成为"世界上最伟大的推销员"。

同样，在生活中，由于我们一时的决断失误或是环境的影响，我们会多次地摔倒、被击垮甚至被摔得粉碎。这时候，我们可能会灰心丧气，可能会顿时觉得自己一文不值，但是实际上，无论在自己身上发生了什么事情，我们都从来没有失去自身的价值。只要勇于肯定自己，以坚定而乐观的态度去面对一切的困难险阻，那么，你的内心便会再次充满梦想，便能再次创造巨大的辉煌。

3. 咬紧牙关，"挺"过去

对一切充满信心，怀着希望，揣着梦想，面对生活中的曲曲折折，要坚决地挺过去！

——北大课堂引用

一位北大教授在谈及修炼心的硬度时说："有时，人真的需要足够的勇气，当你面对诸多的不幸时，要学会承受，学会面对，学会坚强。该来的总会来，该去的还是要去。面对一切，需要我们有勇气，有胆量，有不屈的意志。要相信一切都会好起来的，坚信黎明前的黑暗是最短的，坚信自己会更快乐！"他主要是告诉我们，人生没有过不去的坎，在遇到困难时，要用内心的信念和希望去支撑自己，坚强地咬紧牙关"挺"过去，就能看到前方的光明。

有一位坚强的农村妇女，她在 19 岁的时候结了婚。在 25 岁的时候，正好赶上日本侵略中国，当时的日本在她的家乡进行大扫荡，她就经常带着两个女儿和一个儿子过着东躲西藏的日子。村里的很多人受不了这种暗无天日的折磨，就想到了自尽，而她则会对他们说："别这样，人生没有过不去的坎，咬紧牙关挺过去，日本很快就会完蛋的！"

于是，她终于熬到了日本被赶出中国的那一天，但是，不幸又一次找上了她。在那艰苦的抗战岁月中，他的儿子因为极度缺乏营养，又缺乏医药，生病夭折了。为此，丈夫躺在床上不吃不喝，而她却流着眼泪说："再苦的日子也要过，儿子没了，咱以后再生一个，人生决没有过不去的坎！"

几年后，他们果然又生了一个儿子，但是就在儿子半岁的时候，丈夫却因为患水肿病离开了人世。在这样的打击之下，她根本没回过神来。但是最终还是挺过来了，她将三个未成年的孩子揽到自己怀里，说道："爹走了，娘还在呢，只要有娘在，你们就别怕，人生没有过不去的坎。"

于是，她一个人含辛茹苦地把三个孩子拉扯大了，生活也渐渐地好转起来。在当时，两个女儿也嫁了人，儿子也成了家。她逢人就兴奋地说："看吧，人生根本没有过不去的坎，走过去了，一切都变好了。"她年纪大了，不能下地干活，每天就在家里缝缝补补，做做衣服。

但是，上苍似乎一点也不眷顾这位一生都坎坷的妇女，就在她照顾孙子的时候，不小心摔断了腿，因为年纪太大做手术太过危险，就一直没有做手术，她每天只能躺在病床上面。儿女们都哭了，她却说："哭什么，我还要好好地活着呢，人生没有过不去的坎！"

即便是下不了床，她也没有怨天尤人，而是静坐在炕头上做针线活。她织围巾、绣花，会编织手工艺品，左邻右舍的人都夸赞她手艺好，还跟着她学手艺。

她活到了90岁，在临终时，就对儿女们说："你们要好好过，人生没有过不去的坎。"

每个人都是在遭遇一次次的重创之后，才猛然发现自己是如此的坚强。为此，我们说，人生无论遇到什么样的磨难，都要咬紧牙关挺过去，用内心的信念和希望去支撑自己，日子总会好过起来的。

曾国藩写过一篇叫《挺经》的文章。"挺"是什么？当然是指无论遇到什么情况，纵然上刀山下火海，也要挺过去，决不退缩。坚决不打退堂鼓。挺过去，将是海阔天空。挺过去，一切都会慢慢地好起来的。

所以，我们要时刻铭记：人生没有过不去的坎，只有过不去的人，一切的苦难，都会成为生命永久的过往。

4. 要有"熬"下去的韧劲

伟大是熬出来的。别人需要五年做的事，我做十年；别人做十年的事，我做二十年。坚持下来，即便不成功，也尽力无悔了。

——俞敏洪

作家池莉在其散文集中写道："熬至滴水成珠，本身对人生来说，就是一个美妙景象，是一个美好的修炼过程。"的确，人生的修炼，也是心的修炼，这种修炼是一种"熬"，似煎药般的"熬"，煲汤似的"熬"。璞要经过工匠的千雕万凿，才能成为价值连城的美玉；蛹要经过痛苦的脱皮，才能变成翩翩起舞的飞蝶。要想获得成功，要想使内心强大，就必须要不惧"熬"的艰辛。

李时珍撰写医学典籍，历时 27 年，访遍名山大川，尝遍百花野草，终于著成《本草纲目》造福后代。司马迁为给后人留下公平的历史记载，忍辱负重，煎熬十年，终成《史记》，为后人研究古代历史提供了最详尽的史料。如此，我们可以看出，每一个成功者无不具备坚强不屈，百折不挠的心志，才能熬得住艰辛，挺得起人生。

其实，"熬"的过程可以增强我们的心智，练就内心的忍耐、沉稳与坚韧的特点。如此这样，我们才能在人生的大风大浪中经得起折腾，担得起风浪，扛得住苦难，受得住挫折。

一位记者曾经采访数十年如一日潜心研究和改进变电站设备的

韩龙吉，问他："你天天钻在屋子里没日没夜地捣鼓，不觉得寂寞和无聊吗？你是怎么熬过来的呢？"

韩龙吉则这么回答道："寂寞，什么叫寂寞？我还真不知道，我觉得钻研这些东西挺有意思。如果真有寂寞的话，那寂寞恐怕也能开花吧！作为一线操作工人，我也希望能出人头地，希望自己能技高一筹，赢得公司、上司和同事的认可与掌声。但问题是，在鲜花与掌声的背后，你是否有更为刻苦努力的准备，有没有耐得住寂寞的毅力，有没有经得起诱惑的定力，有没有熬下去的决心。"

真正潜心做事之人都有体会：成功是"熬"出来的。所谓"熬"，就是一个磨炼心性、平肝潜阳、气沉丹田、聚精会神做一件事的过程和态度。一个"熬"字，多少时光岁月流转、多少点滴琐碎。"熬"字就是"难"字，就是"慢"字，就是"痛"字，就是"忍"字。明白这些转换，才能体会"熬"的无尽内涵。这种"熬"的结果，即便不成功，也诠释了最好的自己。

5. 将苦难转化为生命的财富

苦难可以激发生机，也可以扼杀生机；可以磨练意志，也可以摧垮意志；可以启迪智慧，也可以蒙蔽智慧；可以高扬人格，也可以贬抑人格，——这全看受苦者的素质如何。

——周国平

周国平说："佛的智慧把爱当作痛苦的根源加以弃绝，扼杀生命的意志；人的智慧应把痛苦当作爱的必然结果加以接受，化为生命的财富。"其实，苦难与快乐一样，是人生不可或缺的内容，我们也应该去体味它，这样才能让生命更丰富。苦难虽然苦不堪言，但是，如果你能够运用苦难，将其转化为人生的财富，那么，人生便可以散发出芬芳来。

一位农民，经历了人生的种种苦难之后，成了著名的作家。

他曾经做过木匠，在建筑队里干过泥瓦工，收过破烂，卖过煤球，在感情方面受过欺骗，还打过一场三年之久的麻烦官司。然而，如今的他仍旧独自闯荡在一个又一个城市中，做着各种各样的活计，居无定所，四处飘荡，经济上又没有任何的保障。

虽然他表面上看起来仍旧是个农民，但他与乡村中日出而作，日落而息的农民不同。因为他爱好文学，在耕作的同时，他还几十年还笔耕不辍，写下了许多优秀的文章和诗歌，他的杰作让所有的人都为之动容和感动。

一位记者曾这样问他："你如此复杂的人生经历如何写出这么多富有柔性的佳作呢？在读你的作品的时候，很多人都认为这种文字只有初恋的人才能够写得出来。"

"那你认为我该写什么样的作品呢？是那种硬邦邦的，抒发人生苦难的作品吗？"他笑笑问道。

"起码应该比你现在的作品沉重一些才是！"记者打趣说。

他笑了，说道："我是在农村长大的，农村人每家都有储粪。小时候，每当我遇到别人挑粪往地里去的时候，我都会掩鼻而过。那个时候，我总是觉得奇怪极了，这么臭，这么脏的东西，怎么就能够让庄稼长得更为壮实呢？后来，经历了这么多的事情，我却发现自己所经历的苦难，正如粪和庄稼的关系一般。粪便是脏臭的，如果你将它一直储存在粪池中，它就会一直这么脏臭下去。但是一旦它遇到土地，情况就不一样了。对于一个人，苦难也是如此。如果你将苦难视为生命的苦难，那它就只是苦难。但是如果让它与你精神世界中最为广阔的那片土地去结合，它就会成为一种最为宝贵的营养，让你在苦难中如凤凰涅槃，体会到独特的甘甜和美好。"

这种质朴的话语，极为打动人心。土地转化了粪便的性质，他的心灵转化了苦难的流向。在这个转化过程中，一场沧桑都成了他唇间的冽酒；每一道沟坎都成了他诗句的花瓣。他的文字那么明亮、妩媚，是那么深情、隽永，因为其间的一笔一画都是他踏破苦难的履迹。

事实就是如此，如果没有经历过几番风雨折磨的禾苗永远结不出饱满的果实，没有经历过挫折的雄鹰永远不能高飞，没有经历过磨难的士兵永远当上不元帅……这些就是自然界告诉我们的一个极为简单的真理：一切事物如果要变得更为坚强，就必须要经历一些不幸和困境，如果你能够以这样的眼光去看待苦难，你的苦难就转化为了芬芳。

6. 困境和顺境都是生命的常态

对于一个洋溢着生命热情的人来说，幸福就在于最大限度地穷尽人间各种可能性，其中包括困境和逆境。"目极世间之色，耳极世间之声，身极世间之鲜，口极世间之谭"依照自己的真性情痛快地活。"圣人者，常人而肯安心者也。"

——周国平

鲁迅说："删夷枝叶的人，决定得不到花果。"其实，生活中的幸福、快乐、成功都是花果，而苦难和挫折则是枝叶，如果你不经历困境、苦难、挫折，则很难品尝到快乐、幸福和成功的真滋味。也就是说，困境和顺境都是组成生命之树的枝叶和果实，是生命无法割舍的，我们只要保持一颗平常心，顺境不得意，困境不失意，依照自己的真性情自在地活着，那么，内心就真正的变得强大了。

有一位母亲的儿子得了死亡率较高的血癌。她自己明白，与儿子同病的儿童是没有活过 6 岁的。为了让儿子得到有效的放射性治疗，她每次都会将儿子抱在怀里接受治疗。医生曾经劝她说，这种放射性治疗对正常人的身体伤害是极大的，有可能也会让她患癌症。

然而，这位发疯似的母亲，仍然坚持着。不幸的是，她的儿子在不到 4 岁的时候就离开了她。因此她每时每刻都在等待死神的降临，她觉得，困境和顺境都是生命应有的常态，儿子真的有一天走了，她也应该勇敢地接受。所以，当儿子真正走的时候，她并没有手忙脚乱，相反，她却心如止水般平静。从此之后，她也如同治疗感冒那样接受癌症治疗。就这样，她又待了 16 年，直到如今，80 多岁的她仍旧在等待厄运的降临。

困境和顺境是每个生命的常态，与其痛苦、哀怨，不如学会接受，以一颗平常心去面对。无论人生如何演变，都能平静地对待它，那么，生命中的一切都变得有意义了。当然，要保持一颗平常心，可以努力做到以下几点：

为善不执：不要过于执着，因为有了执着，心中就难免会有障碍，有了执着，心中就会有所期待。当期待落空，不免会失望，甚至会恼怒不安，内心就自然无法平静，如果能行善施恩于人，不求回馈，不执于心，心中无施者、受者以及无施物的清净，便是平常心。

老死不惧：生死轮回是自然常理，人难免会生病、衰老、死亡，面对此，如果我们能够心无惧怕，意不颠倒、安然自在，能有"死是生的开始，生是死的准备；生也未尝生，死也未尝死"的观念，便拥有了一颗平常心。

逆境不烦：所谓"月无日日圆，人无日日顺"。当我们遇到逆境的时候，要看清忧虑，放下忧虑，并忘记忧虑，不随烦恼而起舞，泰然处之，不为杂念所困，不为顺逆所动，以自然的心态对待，这就是平常心。

努力做到"人若无求，心自无事；心若无求，人自平安"。只要我们的内心时刻保持"无取、无舍、无骄、无求、无执着"的平和之态，也就拥有了一颗平常心，就会活得无比的从容和快乐！

7. 在折磨你的人面前保持奋进的斗志

任何一个人，包括我自己在内，以及任何一个生物，从本能上来看，总是趋吉避凶的。因此，我没怪罪任何人，包括打过我的人。我没有对任何人打击报复，并不是由于我度量特别大，能容天下难容之事，而是由于我洞明世事，又反求诸躬。

——北大课程引用语录

生活中，折磨无处不在。在工作中受老板、上司和同事的折磨，在事业上受同行竞争对手的折磨，在生活中要受亲人、恋人、朋友、邻居甚至毫不相干的陌生人的折磨。可以说，人的一生从本质上讲就是从无尽折磨中走过的。当我们忍受他人的折磨的时候，总是想以牙还牙，给自己带来了诸多的痛苦。但是，你是否想过，生气不如争气，与其痛苦、烦恼，不如努力，在他们面前保持奋进的斗志，将这种磨难化为前进的动力，终有一天，你会取得不凡的业绩。

小王是一家私营企业的总经理秘书，因为刚刚毕业，缺乏工作经验，所以，经常因为工作上的纰漏而挨批评。

有一天，小王因为弄错了年终工作报告中的一个数字，让总经理在报告会上当众出了丑。第二天，经理就把小王叫到旁边，生气地说："你怎么能出这样的错误，真不知道你还能干成什么事情，真是个窝囊废！"然后，狠狠地将报告甩在桌子上，就离开了。

　　小王停下手中的工作，眼泪不停地往下流，心里很不是滋味，难受得快要窒息了。他在心中暗暗发誓：我不要做窝囊废，我一定要发愤图强，做个像模像样的人。从那以后，他开始努力了，工作之余，发奋读书，在短短的时间里通过了成人自学考试，并考上了公务员。现在在行政事业单位工作，已经是单位的骨干了，工作也很出色，得到了领导的认可和同事的赞赏。

　　只有在折磨你的人面前保持激昂的斗志，才能得到他人的尊重，才能化折磨为动力，走向人生的辉煌，让自己扬眉吐气。可以说，保持奋斗的勇气是对折磨你的那些人的最好的回击。所以，在生活中，如果你的上司斥责了你，你一定要有奔向成功的念头；面对朋友的嘲笑，一定要有去干番大事业的强烈想法，这样才能激发出你的生命潜能，走向最终的成功。

　　心理学表明：当一个人受到的打击超过了其心灵所能够承受的限度的时候，就可以爆发出一种巨大的力量，而这股力量会驱使其不断奋进，要向他人证明，我能行，我能成功，我可以做出一点成绩来给他们看。所以说，这个世界上比折磨还痛苦的事情就是从来没有被折磨过。当然，要想将折磨转化为动力，内心一定要有"为自己争一口气"的斗志。

　　为此，当你受到他人的折磨时，首先要学会检讨自己，哪些地方做得不好，哪些地方需要改进，让自己变得更坚强、更优秀，这样是在利用他人来"逼"自己成功。如果你坚持这样做，那么，一段时间后，你的人生将不同凡响。

8. 在压力面前，学会转换心态

痛苦是性格的催化剂，它使强者更强，弱者更弱，仁者更仁，暴者更暴，智者更智，愚者更愚。

——周国平

生活中的压力无处不在：生活的压力，工作的压力，交际的压力……在诸多的压力之中，很多人会痛苦不堪。然而，你是否想过，正是这些压力才激发出了你内在的激情与动力，才让你变得更为优秀。在压力面前退缩，只会憔悴了你的意志。为此，当你面对压力的时候，你要及时地改变心态，将压力很好地转化为动力，这样你的痛苦和焦虑就不会存在了。

在非洲中部最为干旱的大草原上，生活着一种巨蜂，这种蜂短翅膀、短脖子，体态肥胖且臃肿。根据生物学家们的理论，这种体形肥胖臃肿而且翅膀短小的蜂的飞行本能应该是最差的，甚至连鸡、鸭都不如；用流体力学来分析的话，身体与翅膀的比例使它们根本不能够起飞，即便将它们扔到天空中去，它们的翅膀也不可能产生承载肥胖身体的力量，然后就立即掉下来死掉。然而，出人意料的是，这种蜂却能够在非洲的大草原上连续飞行约250千米，而且，飞行高度也是一般蜂类所不能及的。另外，这种蜂类也是极为聪明的，它们平时就藏在草丛中或者岩石的缝隙中，一旦有了食物后就会立即振翅飞起来。尤其是当发现它们生活的地区将面临极度干旱的时候，它们就会成群结队地迅速逃离，向一些水草丰美的地方飞行。

动物学家们认为，这种非洲巨蜂虽然天资低劣，但是它们也只有学会极为强悍的飞行本领，才能够在气候极为恶劣的非洲大草原上生活下去。如果它们不能够飞行，或者飞行能力极差，他们面临的只有一条道路，那就是死亡。

正是恶劣的自然条件，才使非洲巨蜂有了极强的飞翔本领，而这让我们相信，在一个执着顽强的生命中，只有压力才能产生超强的能力。

对于我们人类来说，只有压力才能最大限度地激发出你生命的能量，让你变得更优秀。科学家如是说，人在巨大的压力之下，身体内部就会分泌出巨量的肾上腺素，可以激发出人无尽的潜能，可以最大限度地促使人跑得更快，跳得更高，力量也会更强大，从而做出惊人的成绩。当人们处于顺境或者宽松的环境中的时候，是不可能突然爆发出这种惊人的潜能与做出惊人的成绩的。所以，我们平时的很多成绩都是压力作用下产生的结果。

为此，如果你现在身处压力之下，不应该抱怨，而应该对此心存感激，它能够挑战我们生命的极限，让我们不断地超越自己，成为更优秀和更卓越的自己。这样我们就可以从抱怨和痛苦之中解脱出来，以积极的态度面对工作，面对生活，让生命向更高的方向飞去。

9. 主宰自己，自己的命运靠自己掌控

一个人如果不能主宰自己，那也永远只能趴下当奴隶。

——北大课堂引用

修炼心的硬度，就是要做一个顶天立地的硬汉，掌控自己的命运，不为他人的言行所左右，自己听从内心的声音，活出属于自己的人生精彩来。

一个能够主宰自己行为和命运的人，是内心具有定力的人，在任何情况下，他们都能左右自己的行为方向，自己的命运走向，不轻易被他人或者外界的任何因素所影响，从而活出真实的自己。这样的人是幸福和快乐的，也是极容易坚守自己的目标，直到成功的。

春秋战国时期，一位父亲和他的儿子出征打仗。父亲已做了将军，儿子还只是马前卒。

又一阵号角吹响，战鼓雷鸣了。父亲庄严地托起一个箭囊，其中插着一支箭。父亲郑重地对儿子说："这是家传宝箭，佩戴在身上便力量无穷。但有一点要切记：千万不可抽出来。"

那是一个极其精美的箭囊，厚牛皮打制，镶着幽幽泛光的铜边儿。再看露出的箭尾，一眼便能认定是用上等的孔雀羽毛制作的。儿子喜上眉梢，贪婪地想象箭杆、箭头的模样，耳旁仿佛有嗖嗖地箭声掠过，敌方主帅应声落马而亡。

果然，佩戴宝箭的儿子英勇非凡，所向披靡。当鸣金收兵时，儿子再也禁不住得胜的豪气，完全背弃了父亲的叮嘱，强烈的欲望驱赶着他呼一下就抽出宝箭，试图看个究竟。然而，骤然间他惊呆了。

一支断箭，箭囊里装着的是一支折断的箭。

我一直挎着支断箭打仗呢！儿子吓出了一身冷汗，仿佛顷刻间失去支柱的房子，意志轰然坍塌了。

结果不言自明，儿子惨死于下一次战役的乱军之中。

父亲拣起那支断箭，沉重地道："不相信自己的意志，永远也做不成将军。"

把胜败寄托在一支宝箭上是多么愚蠢，而当一个人把生命的核心交与他人，又是多么危险！生活中我们常常能看到：把希望寄托在儿女身上的父母，把幸福寄托在丈夫身上的妻子，把生活保障寄托在单位身上的员工……其实，自己才是一支箭，若要坚韧、锋利，渴望百步穿杨、百发百中，那就只能靠自己艰苦的磨砺换来。

任何人都是命运的主人，无论身处何时何地，一双手就可以规划生命的轨迹，成就未来的辉煌。人类曾用双手打制工具，由此开始了创造辉煌文明的征程；也曾用双手筑屋修路，营造了安稳和平的生存环境。靠双手，可以创造整个人类的璀璨文明；而我们每一个人也能用双手，去主宰自己的命运。只有这样，我们才能撑开属于自己的一片天，占得一块地，打开一条属于自己的人生道路。

主宰自己是决定自己人生方向的首要条件，只有自己才能决定自己，也只有主宰自己才能创造美好的生活，才能活出自我，体现出自己生命的价值，完成自己的人生追求，从而获得圆满和完美。

10. 主宰自己的意志

自己才是一支箭，要它坚韧，要它锋利，要它百步穿杨、威力无穷的都只是自己。

——北大课程引用名言

一位教授说："生活是一个竞技场，在这个竞技场上的每个人都在不断地竞争，并力求超越自我。一个人只有征服了自己，才能尝试着去征服世界。"做一个内心强大的人，就要去主宰自己的意志，学会去征服自己的内心，不被困难吓倒。

在生活中，我们做每一件事情，都会有两道墙出现在自己的前方，一道是外显的墙，那是关于整个外部大环境的围墙；而另一道是我们内心所隐藏起来的墙，这是我们心中为自己设限的墙，而决胜的关键就要看你能否主宰自己的意志，用坚强的意志去突破心灵中藏着的那堵墙。

国际著名的登山家罗赛尔，曾经在没有携带氧气设备的情况下，成功地登上海拔 6400 米以上的高峰，这其中还包括世界第二高峰——乔戈里峰。

其实，世界上许多的登山高手都以不携带氧气瓶登上乔戈里峰为自己的第一目标。但是，几乎所有的登山高手只登到海拔 6000 米左右处，就无法继续前进了，因为这里的空气极为稀薄，人几乎会感到窒息。所以，对登山者来说，想要靠自身的体力与意志力独自去征服乔戈里峰峰顶，确实是一项极为严峻的考验。

然而，罗赛尔却突破了种种障碍达到了目标。他在接受记者采访时，说出了自己在前进中经历的过程。

罗赛尔认为，在突破海拔 6400 米的登山过程中，他最大的障碍就是内心各种翻腾的欲念。因为，在攀爬的过程中，头脑中的任何一个小小的杂念，都会松懈人内心原本坚强的意念，转而变得渴望呼吸氧气，慢慢地让人失去征服的冲动与动力。随之，"缺氧"的念头就会产生，最终让人放弃征服的意志，接受失败！

罗赛尔说："想要登上峰顶，首先要学会清除内心的各种杂念，脑子中的杂念越少，你的需氧量就会越少；你的杂念越多，你对氧气的需就便会越多。所以，在空气极度稀薄的状态下，必须要排除内心的一切欲望与杂念！"

在生活中，很多人费尽心机无法成功，其主要的原因就是自我设限，因此人们常说"自己是自己最大的敌人"。一个人也只有靠自己的意志力，勇于摒除脑海中的各种杂念，才能战胜困境，成为最后脱颖而出的人。

大志与良谋是取得成功的必要条件，志不强者智不达，如若腾达，就要强志。钢铁般的意志要比一个人的智慧、博学更为重要。

拥有钢铁般的意志，就能成为主宰自己心灵、情感、行为的主人。人生的幸与不幸，是命运对我们的考验，不管是身体上的还是心理上的磨难，无人幸免，关键要看我们的意志是否坚强，能不能经得起考验。坚强的人在经受了老天对他的一切考验之后，眼前便是一片光明，经不起考验的人只会越来越糟。

当然，要主宰自己的意志，就要懂得审视自我的优势，加强自我优势，当你发挥自我优势时，你就会对自己愈加有信心，成就感就随之而来，你的信念就会越来越强，做事的活力也会源源不断地出来。如此以来，当你遇到困难，不但不会退缩，反而更能够激发你突破的热情，直至成功！

已经走到半山腰的你，还记得开始出发时对自己喊加油的声音吗？找回你盎然的活力，全力向前冲刺，就像罗赛尔所说，只要忘记杂念，只要坚守住最初的梦想，只要发挥自身优势，并坚守住起步时非成功不可的意志，我们最终都能够告别迷惘，迎向充满希望的未来！

11. 有骨气和底气

硬骨头，软心肠，怀真情，说真话。

——季羡林

要练就强大的内心，就要有骨气和底气。骨气是指刚强不屈的人格及操守。生而为人，是要有几根硬骨头的。鲁迅先生说，中华民族历来就是由几根硬骨头撑起的。一个人要想活得好，没有骨气是不行的。

底气主要是指自信和本身拥有的力量或水平去做成一件事情。

一个人如果缺乏自信和能力，说话是没有底气的，会显得不自信。拥有骨气和底气，是修炼心的强度的一个重要方面。

骨气和底气，是支撑强大内心的两个重要因素。但是，一个有骨气的人，背后是需要底气支撑的。一个缺乏底气的人，骨气就没有那么足。

做一个有骨气和底气的人，就是不向环境、困难屈服，他们有耐力，在任何困境面前都能坚强十足，有与困难或厄运决一死战的决心，不会轻易被打倒。有骨气和底气的人，能为人所信赖，为人所看重。

战国时期，齐国派晏子出使楚国，楚王觉得晏子身材矮小，故意想侮辱他，便叫人去紧锁大门，从旁边开一个狗洞，让晏子从狗洞爬进去。

晏子气愤地说："我是堂堂齐国派来的大使，竟然叫我从狗洞进去，难道你们楚国是狗国吗？"楚王见晏子多才善辩，不可侮辱，便赶快叫人打开大门，把他迎进去，并向他赔礼道歉。

晏子这样做，既不辱齐国的国格，也不辱自己的人格，真正是个有骨气的人，而支撑他骨气的是他内在的底气。

做一个有骨气和底气的人，就应该像树一样的活着，正如俞敏洪所说的那样，人的生活方式有两种，第一种方式是像草一样活着，你尽管活着，每年还在成长，但是你毕竟是一棵草，你吸收雨露阳光，但是长不大。人们可以踩过你，但是人们不会因为你的痛苦而产生痛苦；人们不会因为你被踩了，而来怜悯你，因为人们本身就没有看到你。所以我们每一个人，都应该像树一样的成长，即使我们现在什么都不是，但是只要你有树的种子，即使你被踩到泥土中间，你依然能够吸收泥土的养分，自己成长起来。当你长成参天大树以后，在遥远的地方，人们就能看到你；走近你，你能给人一片绿色。活着是美丽的风景，死了依然是栋梁之材，活着死了都有用。这就是我们每一个人做人的标准和成长的标准。

12. 有豪气和浩然之气

要成为硬汉，就得有底气、豪气、骨气和浩然之气的。

——北大课程理念

要修炼心的强度，就必须要有豪气和浩然之气。关于豪气和浩然之气，一位先生这样说道：人生有太多的苦难，有太多需要挑战的地方，有太多需要振臂一呼的时刻。因此，一个人若没有一点豪气，那么生命就会显得过于消沉，过于软弱，毫无生机而言。历史上中国人从未失去过豪气，如李白的《将进酒》中所写的"天生我材必有用，千金散尽还复来"；李清照的"生当作人杰，死亦为鬼雄"的豪言壮语。如临风把酒，横槊赋诗；壮心不已，志在千里；孟子有云："如欲平治天下，当今之世，舍我其谁也？"等等，都是豪气。人的豪气总是与酒结缘，豪气总是与兵剑相连，豪气总是与勇毅一体，天下英雄莫不是勇者；豪气总是与责任挂钩，总是与率直为伍，亲朋好友有难，当慷慨解囊。

浩然之气这个词，用来形容一种刚正宏大的精神，这是中国古代著名思想家孟子所创造的一个词语，是一个富有创新思维的哲学概念。它对两千多年来中华民族的传统思想道德产生了深远的影响。

有一次，孟子的弟子公孙丑问孟子道："请问老师，您的长处是什么？"孟子说："我善于培养我的浩然之气。"公孙丑又问："什么叫浩然之气？"孟子说："这很难描述清楚。如果大致说的话，首先是充满在天地之间的一种十分浩大、十分刚强的气。其实，这种气是用正义和道德日积月累而成的，反之，如果没有正义和道德存储于其中，它也就消退无力了。这种气，是凝聚了正义和道德后从人的自身中产生出来的，是不能靠伪善或是挂上正义和道德的招牌而获取的。"

由此可见，豪气和浩然正气是刚正之气，是人间正气，是大义大德造就的一身正气。孟子认为，一个人有了浩气长存的精神力量，面对外界一切巨大的诱惑也好，威胁也好，都能够处变不惊，镇定自若，达到不动心的境界。这也正如孟子所提倡的，富贵不能淫，贫贱不能移，威武不能屈的高尚道德情操。

一个人唯有具有豪气和浩然之气，才能体现出内心的强大。拥有豪气和浩然正气的人在任何艰难困苦下，都能坚持自己的原则，都能临渊不惧，临危不惊；宁死不屈，宁折不弯；宁抛头颅、洒热血，不失节操。以豪气和浩气结合在一起，便是君子的正气，也是具有不竭生命力的浩然正气。一个人如果能以正气去面对工作，便能自忠，以正气去办事，便能自救，以正气去理财，便能自廉，以正气去交友，便能自诚，以正气去养心，便能自谨。

13. 用信仰支撑心灵和生命

我生平优点不多，但自谓爱国不敢后人，即使把我烧成了灰，每一粒灰也还是爱国的。

——季羡林

要修炼内心使其强大，必须要有自己的信仰。信仰即为某种主张、主义、宗教或某人极其相信和尊敬，拿来作为自己行动的指南或榜样。一个有信仰的人，往往要比缺乏信仰的人更为坚定，面对绝境的人要少得多。信仰甚至可以使人超越绝境，以苦为乐，视死如归。

一个人的信仰可以是彼岸的归宿，可以是真善美的思想，可以是柴米油盐的简单生存，也可以是面临丧失生命的巨大悲剧面前的一种坚持，信仰具有支撑心灵和命运的巨大力量。

英国著名运动员利迪尔，在他 22 岁的时候，已经获得了一次次的殊荣：100 米短跑比赛，他取得了世界第一的成绩，是当时的"飞人"。

在英国人的心目中，那一年在巴黎举行的 100 米短跑冠军非他莫属。可想而知，一个人若取得了如此大的成绩，对他的威望、收入、名气该有多大的影响，他比任何人都明白，然而却做出了让英国人震惊和愤怒的决定：取消参赛。是什么让他决定放弃唾手可得的荣誉？是信仰。因为按照赛程，100 米预赛安排在星期日。"明天就是星期日，我要去礼拜，这是我多年的习惯，我决不能改变。"这就是他的全部理由。

舆论的谴责改变不了他的选择，英国人的愤怒改变不了他的选择，王子亲自出面以国家的名义规劝他，但是仍旧改变不了他的选择。在当时的情况下，哪怕是杀了他，仍旧不能使他动摇他的这个决定。态度如此之坚决，无疑是信仰的力量。

信仰使他放弃了最擅长的 100 米比赛，但 200 米和 400 米他参加了，并且取得了佳绩。200 米铜牌，400 米金牌，并且打破了男子400 米的奥运纪录。后来他说："如果连信仰都不能坚守，那我将一事无成，更不会在以后的比赛中取得突破。"

信仰的力量如此之大，可以使一个人放弃名誉、财富、声望等等。在关键时刻，它也足以支撑利迪尔的心灵和生命。正是因为信仰的存在，才使利迪尔一次次地战胜了自我，取得了良好的成绩。

一位学者说："真正的信仰必须是从智慧中孕育出来的。如果不是太看清了人的限制，佛陀就不会寻求解脱，基督就无须传播福音。任何一种信仰倘若不是以人的根本困境为出发点，它作为信仰的资格是值得怀疑的。"由此可见，信仰是让人突破和走出困境的根本力量源泉。

同时，心理学家指出，人的信仰有一种心理防御机制，它可以缓冲因不能控制的生活事件，如死亡和严重的疾病而造成的巨大的压力。法国心理学家戴里夏解释说："一旦个体置身于一个随时可能超出他的控制能力的消极的情境中，他就会自动生成'控制幻觉'。这种幻觉让他觉得自己能够控制外界，从而起到心理保护的作用。相反，如果个体长期置身于危险的境地，而且清楚地知道不能改变这种局面，他就会进入'抑制行动'的状态。这种状态对于人体的器官极其有害。按照物学家夏普提耶的描述，此时，相关的器官和组织处于生理警戒状态，大量分泌肾上腺激素等。若任由这种临界状态持续，人体器官就会迅速地衰竭。"

这就是许多疾病，比如胃溃疡甚至某些癌症的成因。因为长时期的焦虑对人的生理健康极为不利，所以在承受重大考验或者危机时刻，即使是出于实用目的考虑，"信点什么"都是有莫大的好处的。所以，我们每个人的人生都应该有一个信仰，确立自己的事业目标，决定自己的志向，那么，做起事情来，就会更快、更可能地获得成功。

第 3 章

心的空度修炼课

1. 学会"放空"自己，及时清理心理垃圾

人只有及时地清空自己，才能更清醒地认识自己，看清自己的
内心。

——北大课程引用名言

现代社会生活节奏飞快，生存压力也在不断增大。所以，在人
生的某些时期或者某个阶段，总是时不时地感到内心有一种难以摆
脱的压抑和烦躁，就像全身裹了块湿布一般，工作效率低下，整天
郁郁寡欢，做什么事都力不从心。这个时候，我们就应该主动地放
下原本的工作或者生活，去寻找另外一种新的生活，以使自己的心
灵获得解脱，以更好的精力回到原有的生活上来，以焕发出对生活
的热爱和激情。

德鲁·吉尔平·福斯特是美国哈佛大学的校长，在她到北京大
学访问之时，向大家讲述了一段自己的亲身经历：

"有一年，我在实验室里待了很久，因为一个研究课题中的细节
搞得我心烦气躁，郁闷至极，我不知道如何让自己的工作继续下去。

于是，几天后，我就向学校请了三个月的假，然后告诉我的家人，不要问我要去什么地方，因为自己也不清楚自己会到哪里。这样做是因为多年来，我厌倦了日复一日单调的工作，想做些自己想做的事情。

"于是，我便只身一个人去了美国南部的农村，趁着假期去尝试过另外一种全新的生活。在那里，我做着各种各样的工作，到农场去打工、给饭店刷盘子。和农民们一起在田地里做工时，我背着老板躲在角落里抽烟，或和工友偷懒聊天，这让我有一种前所未有的愉悦。"

最后，她还说到了一件有趣的事情：在她回家的途中，在一家餐厅找到一份刷盘子的工作，只干了四个小时，老板就把她叫了过来，给她结了账，并对她说："可怜的老太太，你刷盘子刷得太慢了，你被解雇了。"于是，这个"可怜的老太太"重新回到哈佛，回到自己熟悉的工作环境后，却觉得以往再熟悉不过的东西都变得新鲜有趣起来，工作成为一种全新的享受。

最后，她说："那三个月的经历，像一个淘气的孩子搞了一次恶作剧一样，新鲜而刺激。并且有了这次经历之后，一切在她眼里就如同儿童眼里的世界，一切都充满乐趣，也不自觉地清理了原来心中积攒多年的'垃圾'。"

人的心理和身体一样，每天都会产生"垃圾"，及时清理，不仅有利于心理健康，也为身体健康买了一份保险。情绪疾病有时候比心理疾病来得更可怕，因此人需要定期清理心理垃圾。

如何及时清理掉心理的垃圾呢？可以从以下几个方面努力：

1. 你可以确定一个"放松时段"，并融入日常生活中，试着打破原有的生活状态，去体验另一种全新的生活，重新找回对生活的激情和热望。

2. 生活中，一定不要把压力积起来，要给坏情绪和坏心情找一个宣泄的出口。比如，你可以找好朋友聊聊天，倾吐自己的怨气等。

总之，只有及时放空自己，才能让自己以更好的状态去面对生活，迎接和不断尝试新的事物。

2. 拥有"空杯"心态，随时从零开始

虚怀若谷，如果是真诚的话，它会促使你永远学习，永远进步。有的人永远"自我感觉良好"，这种人往往不能进步。

——季羡林

功夫巨星李小龙极为推崇这句话："清空你的杯子，方能再行注满，空无以求全。"他所推崇的这种"空杯"心态是指，我们要对过去所经历的挫折、痛苦、磨难、荣耀、光荣、业绩等等全部舍弃，只有及时舍弃，敢于进行自我否定，才能以新的姿态面对新的生活，取得新的成就。

及时舍弃以前的自己，是一种虚怀若谷的精神，只有放低自己，才能行得更为高远。当然了，否定自己是需要很大的勇气的，但是只有如此才能找到自己的差距与不足，找到自己应该努力的方向。一个人应该舍弃的东西有很多，比如懒惰、得过且过地混日子等等，这些思想是最应该舍弃的。

任何人的人生都是一场盛宴。任何一个人都不能为了小小的成绩而得意忘形，或者是甘于认命。尤其是当我们还是青年的时候，更要学会"空杯"，既不能因为一时的失败或者挫折而一蹶不振，更不能因为取得一点点小小的成绩而得意忘形，我们一定要时刻"空杯"，勇于放下，这样才能够取得更好的成绩，你的人生也才能够达

到一个全新的高度。

一个刚刚走出校门的大学生，因为心高气傲，但是又不脚踏实地，所以，经常受到上司的批评。为此，他每天都垂头丧气，郁闷至极。后来，他就找到一位智者，希望他能够告诉他成功的秘诀。

大学生将自己当下不如意的状况都说了出来，说自己以前的人生是如何的辉煌，但是到工作之后却很是不顺心。听了大学生的话以后，智者没说什么，而只是微笑着随手拿起一杯装满茶水的杯子，放在大学生的面前。然后，自己又从旁边提来一壶茶，慢慢地往玻璃杯中倒。就这样一直倒着，直到溢出的茶沿着杯壁流到了地上。但智者好像还没有要停止的意思，直到大学生使劲地喊出来："您别倒了，再倒就浪费了！"

终于，智者将茶壶不紧不慢地收回，说道："你的话正是我想说的，这杯茶和我想教给你的东西是一样的——都是浪费。你已经像这个杯子一样装满了忧愁和烦恼，已经容不下其他东西了。你还是先把你内心的一些消极的思想舍弃后，再来找我装其他的东西吧！"

听罢，年轻人终于明白了智者的真实意思，从此不再怨天尤人，调整了心态，找到了工作的真正意义，将自己的兴趣融合起来。不久，他就升了职。

拥有"空杯"心态，就是将心中的"杯子"倒空，将自己以往所重视、在乎的东西以及曾经的辉煌从心态上彻底清空了，才能够拥有更大的成功。这是每一个职场人士必须要拥有的心态。

在任何时候，我们不要把过去当一回事，永远从现在开始，进行全面的超越！当"归零"成为一种常态，成为一种习惯，成为一种延续，一种时刻要做的事情的时候，也就完成了职业生涯和个人事业的全面的超越。"空杯心态"并不是一味地否定过去，而是要怀着否定或者说放空过去的一种态度，去融入新的环境，对待新的工作、新的事物。

3. 简化日程表，给心灵放个假

享受悠闲生活当然比享受奢侈生活便宜得多。要享受悠闲的生活只要一种艺术家的性情，在一种全然悠闲的情绪中，去消遣一个闲暇无事的下午。

——林语堂（曾任北大英文系主任，著名学者、文学家、语言学家）

随着当下社会竞争的日益激烈，人们的生活节奏也越来越快，很多人都被满满的"日程表"牵着走。这些日程表上面，写满了每天自己必须要做的事情，它占据了我们生活的中心。当我们把主要事情做完，想松懈一下时，却又被无休止的电视、网络游戏以及娱乐活动所占据。很多人觉得自己活得越来越压抑，越来越找不到心灵的空间。与其这样苦苦地折磨自己，不如将这些"日程表"进行简单化，适度地放空心灵，给自己的身心放个假，以体味生命更深的滋味。

艾琳·詹姆斯是美国著名的作家，她一生在倡导过一种简约的生活。她认为人只有过简约的生活才能活出生命的真色彩来。

其实，艾琳·詹姆斯在年轻的时候，是一个投资人兼一个地产公司的投资顾问。这两种工作每天都使她陷入忙碌之中，乱七八糟的事情塞满了她在清醒状态下的每一分钟。在这种生活持续了几十年以后，突然有一天，她觉得她再也无法忍受了。那一天，她呆呆地静坐在自己的办公室中，望着眼前写得密密麻麻的事宜和日程安排表，突然觉得这是一种最为愚蠢的生活状态。

也就是在这个时候，她最终做出了一个决定：简化日程表，给心灵放个长期的假。

接下来，她就拿起日程表，把里面原本的八十多项内容，简化为十多项。她取消了当日所有的电话预约，并将堆积在办公桌上所有的文件全部清理掉，就连信用卡，她也几乎全部注销掉了，为的是不让无休止的银行账单函件来打扰自己。

就这样，她通过改变自己的日常生活与工作习惯，使她的房间以及庭院的草坪变得更加简约、整洁。简化之后，艾琳·詹姆斯得到了更多的空闲的时间，心灵也得到了休整，整个人顿时变得快乐了起来。

艾琳·詹姆斯曾经在自己的作品中这样说道："我们的生活已经太过复杂了。在人类的历史进程中，从来没有如我们今天这个时代拥有如此多的东西。这些年来，我们一直被外在的物欲诱导着，我们误以为自己只要努力就一定会拥有一切东西，但是，这些东西事实上却让我们沉溺其中并且心烦意乱，因为它们让我们失去了创造力。与其这样忍受折磨，不如舍弃这些东西，给自己的心灵多腾出时间来休个假，这样才能使我们的创造力永远旺盛。"

现代社会中，又有多少人被这无休止的日程表所包裹着，压得喘不过气来。现在你也完全可以反思一下自己：在你每一天的生活安排中，哪一件事情是必须要勉强去做的？哪些是生命中无须去追求的？追求外在的面子和烦琐的例行公事是否让你的生活也陷入浪费时间、浪费精力的陷阱中呢？其实，如果我们能够及时减少那些程式化的工作或日常活动，并不会因此而减少让自己获得快乐的机会，因为我们的内心已经养成了一种忙碌的习惯，习惯会使我们的内心无法停留。

在生命的每一天，习惯会促使我们去处理所有烦琐的事情。我们总是担心，如果不去做，就一定会失去什么。其实，如果简化自己的日程表，我们的确会失去什么，但是这并不能影响到你生命的精彩。我们至少还可以好好地活着，不仅是好好地活着，而且还是活得更潇洒更惬意了，因为我们再也不用枉费心机去处理所有的事情。那些对人类艺术领域做出过特殊贡献的人，比如毕加索、凡·高、贝多芬等等，都是生活在极为简单的生活状态之中的。也正是极为简单的生活状态让他们能够静下心来挖掘到灵魂深处的创造源泉，才让他们获得了极为丰富和精彩的人生。

生活中，如果你时常感到心累，那从现在开始就学着去清醒，勇于简化繁忙的日程安排，放下该放下的，让自己的心静下来。久而久之，养成习惯，你就能收获快乐惬意的人生。当然了，你还可以适当种点花草，读点诗书，画幅画，写写文章，让自己的心灵充分地享受生活的阳光雨露，那么，你定会收获精彩的人生。

4. 别拿过去的痛苦惩罚自己

"弃我去者，昨日之日不可留"，昨天的人追不回来，明天人也只有等待，只有今天，现在守在你身边的人才是真正属于你自己的。

——北大引用语录

生活中，每个人都难免受伤害，经受磨难和挫折。然而，很多人总是沉浸到过去的痛苦中去，拿过去的伤痛去折磨自己，让心灵沉重不堪，让过去的痛苦不停地向前延伸，直到牵制到你的未来。

泰戈尔说："如果你为失去的太阳哭泣，那么你也会失去星星。"意思是说，如果你为过去的痛苦伤害自己，也会让自己失去当下的幸福和快乐。只有学会及时遗忘，才能获得快乐轻松的人生。

美国加州一所学校的老师，在任教期间发现班上的学生表面上看起来很用功，但总是考不出好成绩。为此，他在私下里调查就发现，这些学生经常会为自己过去的成绩而感到不安，他们经常生活在过去的阴影里，只要有一次考试失败，他们就会生活在自责之中，以至于影响了下一次的成绩。还有一些心思重的学生，从考完交上考卷时就会为自己的未来担忧，担心自己不能及格。为了解除学生的这种心理疾病，老师就亲自精心为学生设计了一个特殊的课程。

那一次，老师在上讲台时拿了一瓶牛奶，在给学生讲课的过程中，无意间就将牛奶放在讲桌上面。所有的学生都不明白这瓶牛奶与自己所学的课程到底有什么关系，只是静静地听着老师在讲课。

忽然，老师站了起来，一巴掌把那瓶牛奶打翻在地上，并大声地喊叫道："不要为打翻的牛奶哭泣！"

课堂上，所有的学生都震惊了。老师让所有的学生都过来，并围拢到洒满牛奶的地方仔细地观察那破碎的瓶子与淌着的牛奶。老师则一字一句地说道："你们仔细地看一下，现在牛奶已经完全淌光了，无论你如何抱怨、悔恨，也无法取回一滴。事先如果做一些预防措施，牛奶可能还好端端的，但是现在的一切说什么都晚了。现在唯一能够做的就是尽自己最大的努力将它尽快忘记，然后将注意力转移到下一件事情上面。"听了老师的话，学生们恍然大悟，这节课让他们终生难忘。

"不要为打翻的牛奶哭泣"，是英国一句著名的谚语。是的，过去的已经过去了，再悲伤，再遗憾也已经成为永久的历史。我们唯一能够把握的就是，好好把握当下的时光，先平静地分析自己的错误，然后再从错误的事情中吸取教训，最终将这种错误忘记。

过去永远不可能回到当下，为过去哀伤，为过去遗憾，除了耗费我们的心神，分散我们的精力，并没有给我们带来一点好处。

很多人可能会说，过去的事情对我的伤害实在太大了，我如何也不能从悲伤中转变过来。不，你完全可以转变的，只需要改变一下当下的心态即可。你可以让自己尽力平静起来，然后这样想：正因为过去的不幸，才让自己学会了满足于当下的生活。当时的痛苦都已经承受下来了，难道你还没有勇气去面对当前的生活吗？所以，你完全可以怀着一颗感恩的心，这样才能够使自己尽快从昨天的痛苦和烦恼中解脱出来，世界上没有什么坎是过不去的。

"何必眉不开，烦恼无尽时，一切命安排，当下最悠哉。"在任何时候，都应该是无忧无虑的，你只需要怀着一颗感恩的心，活在当下，生活就会过得安然而又超脱，你的人生也就达到了另一种境界。

5. 别为明天的阴晴雨雪担忧

人生的刺，就在这里，留恋着不肯快走的，偏是你所不值得留恋的东西。

——钱锺书

生活中，我们都期望能将明天的烦恼都解决掉，以便将来过得更好、更自在，彻底地无忧无虑。只可惜，明天的事情是难以预料的，也无法提前完成。过早地为未来担忧，是于事无补的，只会让自己活得更累，让自己的心情更为烦闷、沮丧。

要知道，未来的一切都是未知的，其烦恼是无法解决的，我们能够把握的唯有当下的时光。珍惜现在，把握现在，才是我们应该做的事情。管他明天会怎么样呢，先活好当下的时刻才是最重要的。更何况，我们心神不宁地担心着明天和未来，可未来却不一定如我们想象中那么糟糕。

美国作家布莱克伍德在一篇名为《99％的烦恼其实不会发生》的文章中，写了他在"二战"期间的一段亲身经历：

四十多岁的布莱克伍德，因为战争的到来，众多的烦恼接二连三地向他袭来：因为战争，他所办的商业学校里大多数男生都应征入伍而出现了严重的生源危机；他的大儿子也在军中服役，生死未卜；他的住房附近要修建机场，土地房产基本上属无偿征收，赔偿费只有市价的十分之一；女儿高中马上就要毕业，上大学需要一大笔学费，却还没筹到。

布莱克伍德坐在办公室里为这些事情苦恼着，随手便一条条写下来，冥思苦想对策，但都没有好的办法，只好把这张纸条放进了抽屉中。

一年半过去了，有一天，他在整理资料时，无意中又看到了这张纸条，那些曾经折磨他很长时间的烦恼事，一一对照着看，却没有一项烦恼真正发生过。

他担心商业学校无法办下去，但政府却拨款训练退役军人，他的学校很快便招满了学生；他的儿子毫发无损地回来了；住房附近因为发现了油田，他的房子也不再被征收；在女儿入大学之前，他找了一份兼职稽查工作，让他筹足了学费。

布莱克伍德最后得出了一个结论："其实，99％的预期烦恼是不会发生的。"并深有感触地说，"为了不会发生的事饱受煎熬，真是人生的一大悲哀！"

　　这个故事告诉我们，总是对未来可能发生的事情而担忧，只会让自己失去当下的快乐，而事后来看，很多担心往往是多余的。无论何时，我们都要记住，应该把握的是现在的时光，而不是过去和未来，因为现在是将来的过去，也是已经过去的将来。如果不能牢牢地把握现在，也将失去过去和将来了。

　　其实，认真地想一下：这个世界上根本就没有那么多值得我们忧虑的事情，因为即便你可以让自己的一生在对未来的忧虑中度过，然而无论你多么忧虑，甚至抑郁而死，你也改变不了现实。既然这样，又何必浪费时间去预支明天的烦恼呢？不如安心快乐地过好今天，不让时间从自己手中溜走。须知"盛年不重来，一日难再晨"，让每一分每一秒都活得有价值，才算得上真的爱自己，爱自己的内心。

6. 勇于舍弃，才能拥有更多

　　激励大师吴甘霖说，拥有了"空杯心态"，松手就不会太难。勇于松手，拥有的只会越多。在这方面，海尔总裁张瑞敏的"大海法则"给我们大家树立了很好的榜样。

——北大课程理念

　　电影《卧虎藏龙》里有这样一句经典的话：当你紧握双手，里面什么也没有，当你打开双手，世界就在你的手中。这其实是告诉我们，唯有敢于舍弃，才能拥有更多。舍弃了对金钱的欲望，就等于舍弃了心灵的包袱，也就能获得幸福和快乐；舍弃了对名与利的贪念，就等于舍弃了心灵的枷锁，也便获得了轻松与坦然；舍弃了对不属于自己的东西的追求，就等于舍弃了心灵的牵绊，也就获得了永恒的静谧与真正的快乐。所以，在生活中，我们要想获得心灵的平静与快乐，就应该勇于舍弃心中的欲望与贪念，否则，什么都想抓，不仅无法得到更多，反而还会失去更多。

那些能够进入世界500强的公司的人，都有能够在关键时候勇于舍弃的故事。华人首富李嘉诚的成功，也是对"舍得"之道成功运用的结果。

有一次，有人问李嘉诚大儿子李泽楷道："你父亲教了你怎样的赚钱秘诀？"而李泽楷说父亲没有教他赚钱的方法，只是教会了他为人处事的道理。

李嘉诚曾经这样给李泽楷说："假如你与他人合作做生意，如果你拿7分合理，8分也可以，那你最好只拿6分就可以了。"也就是说，你要让别人多赚2分。所以，每个人都知道，与李嘉诚合作能够赚到钱，所以，才更愿意与他合作。李嘉诚还给儿子算过这样一笔账："虽然你只拿6分，现在多出了100个人，你现在能多拿多少分呢？假如拿8分的话，100个人则会变成50个人，结果是亏是还是赚，可想而知！"

勇于舍弃是一种精神、一种领悟，更是一种智慧。每个人都渴望事业成功，生活富足，然而，如果只将目光紧紧盯在要得到什么以及如何得到上面，而忽略了与"得"唇齿相依的"舍"，那么，很难如愿。所以，在人生的任何一个阶段，一定要肯舍敢舍，心怀一种"大舍"的气度，才能得到更多！

7. 不患得患失，才更容易成功

孙悟空最大的心愿就是有一天能够成仙得道，以解开紧箍咒。孙悟空的紧箍咒是唐僧念的，是为了束缚住这个桀骜不驯的大徒弟。但是，生活中的许多人却不知不觉中给自己念着紧箍咒，把自己束缚起来了。

——北大课程理念

一位先生说，只有及时将心倒空了，才会有外在的松手，才能拥有更大的成功。这是每一个想发展事业的人所必须拥有的心态，也是最需要的心态之一。在个人成长的道路上，我们也只有将自己的内心倒空了，不过于计较得失，不患得患失，才能让心灵超脱，轻装上阵，取得最终的成功。

然而，生活中，很多人总是在害怕失去的同时，又期望自己什么都能得到。想要这个，想要那个，所以才会痛苦；因为心中的欲望和杂念太多，把已经拥有的抓得太紧，所以才会患得患失。如果什么都想要，最后不仅什么都得不到，还会徒增诸多的痛苦。

从前，有一个特别优秀的弓箭手，他射出的箭百发百中，从来没有失手过。为此，人们争相传颂他的高超的射技，对他也十分敬佩。后来，他的美名也传到了国王的耳朵里。国王就命人将他请到宫中表演，并对他说："今天请你来是想请你展示一下你精湛的射技，如果你射中了远处的那个目标，就赐给你万两黄金，如果射不中，就发配你到边疆充军去。"

这位箭手听了国王的话，一言不发，神色变得激动起来。他取出一支箭搭上弓弦，但是心中只是想着能否射中，这可关系着自己的命运呀！当开始发箭的那一刻，一向镇定的他呼吸变得急促起来，拉弓的手也开始抖起来，最终箭落在离靶心几尺远的地方。

旁边的一位大臣叹道："看来一个人只有真正地将得失置之度外，才能成为真正的神箭手呀！"

弓箭手之所以没能发挥他真正的射箭水平，就是因为他太在乎自己的得失，内心有太多的顾虑，使自己的心灵背上了沉重的包袱，最终也只能以失败告终。

其实，在现实生活中，人们都在犯着同射箭手同样的错误。在生活的道路上，我们可能都要面临各种各样的痛苦的选择，就如同掉进深泥潭里一样，当遇到高成本的机会时，每个人都常常无法迅速做出选择，因为他们都不愿意轻易地放弃可能得到的东西。为此，我们可以说，舍弃也是需要胆略和智慧的。只有认准心中的真正目标，勇于将得失置之度外，才能减轻内心的痛苦，也才更容易直达到成功的彼岸。

当然了，这里我们并不是说要完全地消除欲望，因为欲望是一个人不断向前的主要动力，这里主要是说，在追求成功的道路中，我们要摒除一些杂念，坦然面对，不要让"目标"或者"成功"成为内心的一种负担，如此这样才能轻松前行，才能更容易获得成功。

8. 善待自己的心灵

享受，意味着热爱。唯有真正懂得享受生命、享受生活，才能真正地热爱生命、热爱生活。

——北大课程引用名言

一位哲人说，既然活着，就要以最好的方式。要好好活着，首先要学会善待自己，而善待自己最重要的就是要善待自己的心灵，只听从自己内心的声音，热爱生命，让自己身心健康地活着。然而，生活中，多数人却因为工作和生活被"累"字所包围，生命质量无从谈起，更别说要去善待自己的心灵了。

一天，一位企业家在办公室晕倒了，他被送到医院进行治疗，医生说，你这是劳累过度的结果，以后必须多休息，尽量放松心情。但是这位企业家愤怒地说："公司那么多的工作要我处理，我根本没有一点休息的时间。医生，你知道吗？我每天都要工作到凌晨一点才睡觉，就连一日三餐的时候，我都会尽量地减少时间，你如何让我心情放松下来呢？"

医生惊讶地说："你难道就不能把你的工作分担给别人一些吗？你的那些员工呢？"

企业家有些不耐烦地回答："那些都是重要的文件，我怎么放心让别人来处理呢，如果他们一不小心处理错误了，我的公司就很难运营下去了。"

思索了片刻，医生说："这样吧，现在我开一个处方给你，你不妨照着做。"说着，他在处方上写着什么，然后递给了企业家。

企业家拿起处方，一字一句地读了起来："无论有多忙，每个星期必须抽半天时间到墓地一次，每次散步两小时。"

"去墓地？这是干什么？"

医生面露微笑，说："我希望你可以四处走一走，看一看那些与世长辞的人的墓碑。你不妨认真地思考一下，那些躺在墓地里的人，他们生前也许与你一样，认为全世界的事都得扛在双肩，可现在他们全都永眠于黄土之中，你或许有一天也会加入他们的行列，但是世上的一切不会因为你的离开而改变什么。我建议你站在墓碑前好好地想一想这些摆在眼前的事实。"

听完医生的话，企业家不由愣住了。之后的一个月，企业家就按照医生的指示，将一部分职责让助手承担，自己开始学着放慢生活的步调，他知道生命不能急躁和焦虑，他的心已经得到平和，也可以说他比以前活得更好，当然事业也蒸蒸日上。现在，他每周都会和朋友一起去打高尔夫，或者去爬山，朋友们都说他越来越年轻了。

生活的意义，不仅仅是为了得到财富、得到地位。在保证物质生活的同时，也要追求内心的快乐与满足，而不是在疲劳中度过一生。真正热爱生命、善待自己的人，都懂得在工作之余，为自己寻找快乐。

一位英国经理人就曾说过："当我脱下外套的时候。我的全部重担也就一起卸下来了。"如果你发现自己总是被工作所包围，耳边充斥着各种让人烦闷的噪音，整日被繁忙的工作所累，被家庭琐事所折磨，每天的神经都绷得紧紧的，那么你真的应该规划一番自己的生活，或去旅行或去玩乐，让自己彻底地放松一下了。适当地释放出压力，才能走得更远。

9. 是智者，就别听信谣言

谣言这东西，却确是造谣者本心所希望的事实，我们可以借此看看一部分人的思想和行为。

——鲁迅

生活中，我们难免会遇到这样的人：不是天天怨东怨西，便是挑拨是非，乱传小道消息，制造谣言。对于这些谣言，我们还是不要随意听信为好，更不要去传播谣言。否则，被别有用心的人抓住了把柄，那就得不偿失了。

古希腊著名的哲学家和教育家苏格拉底很有办法让流言蜚语止于他。

其实，做智者十分简单：利用苏格拉底的"三重过滤"法则，仔细地过滤听来的传言，将虚假、恶意又对自己毫无任何帮助的部分过滤掉即可。

在古希腊，苏格拉底便以高度受人尊崇的学识闻名于世。

有一天，这位伟大的哲学家与一位老朋友碰面了。老朋友说："你知道我刚听说了关于你朋友的事情吗？"

"等等，"苏格拉底回答道，"在你告诉我这件事情之前，我想先让你做个简单的测试——'三重过滤'测试。"

"三重过滤？"

"没错，"苏格拉底接着说，"在你谈论我的朋友之前，不妨先用一点时间过滤一下你所要说的话，这对你是极有益处的。这也是我称其为'三重过滤'的原因。"

"第一重过滤叫真实。你能百分之百地确定你要讲的事情都是真实的吗?"

"不能,"对方说道,"我只是听别人说的,而且……"

"好吧,"苏格拉底说,"这并不确定原来事情的真伪。现在我们来进行第二重过滤——善意。你要说的是关于我朋友的好事吗?"

"不,恰恰相反……"

"那么,"苏格拉底接着说道,"你想告诉我关于他的不好的事情,但是你又无法确定那是不是真实的。不过,你还是有可能通过测试的,因为你还有最后一重过滤——实用。你要告诉我的关于我朋友的事对我来说有帮助吗?"

"没有,没什么帮助。"

"好吧,"苏格拉底总结道,"如果你所说的事情既不是完全被确定是真实的,又不是富有善意的,那为何要告诉我呢?"

生活中,当我们听到谣言的时候,一定要像苏格拉底那样,学会用"三重过滤"法加以鉴别,千万不能因为好奇心而轻易去偏信谣言或者传播谣言,最终可能会伤及你的人际关系,还会给你带来许多不必要的麻烦。

要知道,流言止于智者。生活中,如果一不小心,你成为谣言的受害者,那就尽力让自己冷静。很多时候,不对这些流言蜚语做任何的回应,反而会是你最好的应对之道。同时,用自己的人格和成就去证明自己并非如人所言,少说话多做事,才是明哲保身的最好方法。

10. 用微笑去回应嘲笑

我又愿中国青年只是向上走，不必理会这冷笑和暗箭。

——鲁迅

生活中，内心软弱者在受到他人的嘲笑时，会深深地受到伤害，而强者则会永远以镇定的态度、用微笑去面对嘲笑。罗曼·罗兰说过："人生是一场无休、无歇、无情的战斗，凡是要做个够得上称为人的人，都得时时刻刻与无形的敌人作战。"为此，带着微笑向嘲笑开战，便如同藏锋于钝，可以说是回击对方的最有效的利器。

据说，哥伦布历尽艰险发现美洲新大陆回到西班牙后，女王为了奖赏他，特地为他摆宴庆功。

在酒席上，当时的许多王公大臣、名流绅士都瞧不起这位没有任何爵位的哥伦布，而且由于嫉妒他所做出的贡献而纷纷出言嘲笑讥讽。有的说："有什么了不起的，换成我出去航海，一样也可以发现新大陆。"有的说："驾着船，只要朝一个方向航行，不转弯，就一定有新发现！"有的说："这么容易的事情，女王还给他如此高的奖赏，真是不服！"

这时候，哥伦布则从桌上随手拿起一个鸡蛋，笑着问那些嘲笑自己的人："各位令人尊敬的先生们，你们有哪位能让这个鸡蛋立起来呢？"

于是，那些内心充满嫉妒而又自以为能力超群的王公大臣，都纷纷开始试着将那个鸡蛋立起来，但左立右立，站着立坐着立，想尽了办法，无论如何也立不住一个椭圆形的鸡蛋。

"哼！我们立不起来，你也别想将它立起来！"大家就纷纷把目光盯向了哥伦布。

只见哥伦布不慌不忙地用手拿起鸡蛋，"砰"的一声往桌子上磕了一下，蛋头破了，鸡蛋便牢牢地立在了桌子上面。

众人一看，便纷纷骚动了起来，都嚷道："这谁不会呀！简直太简单了！"哥伦布则微笑着对众人说道："是的，这当然很简单，但是，在这之前，你们为什么就想不到呢？"

哥伦布一语便道破了这些王公大臣们的可笑之处，王公大臣们都哑口无言。

对嘲笑者最好的回击便是以微笑面对，这是一种淡定和从容的大胸怀和大气魄。愚公不吝智叟嘲笑，持之以恒，终究成就了大智若愚。有大志者，当心存高远，如嘲笑般琐屑之举，均应不入于耳、不动于心。如果在嘲笑别人，请立即停止；如果在被嘲笑，请嘴角上扬。心中饱含勇气，充满希望，向所有一切的嘲讽微笑，感谢因此而让我们有了迈上更高一层台阶的动力和机会。

11. 计较流言是拿别人的错误惩罚自己

谣言世家的子弟是以谣言杀人，也以谣言被杀的……事实是毫无情面的东西，它能够将空言打得粉碎。

——鲁迅

生活中，每个人都活在别人的视线之中，被别人说说，偶尔也会去说说别人。哪个人前不说人，谁人背后无人说。每个人都不可避免地会处于流言蜚语之中，在这样的状态下，很多人都会伤心，会难过，难免会被坏情绪所左右。其实，如果你能够冷静下来仔细想一想，你根本不必去计较那些流言，它们只不过是"一阵风"而已，它在产生的一瞬间，便没有对错之分，如果你刻意去计较，去在乎，就是在拿别人的错误惩罚自己。

其实，既然是流言，便是经不起推敲的。所以，面对流言，你只需要将之搁置一旁不予理睬，一段时间之后，它便会自动烟消云散。

大学毕业便进入一家广告公司的小聪，担任公司的行政助理。虽然她的学历并不高，但是对工作却充满了热情，做事特别有干劲，深受大家的喜爱。而公司的市场部经理就是一个重能力而轻学历的人，他看到了小聪身上的闯劲，于是就大胆地将小聪调到销售部门，并让她负责一个区域的销售工作。

为此，市场部经理就经常与小聪在一起谈工作，两个人在一起的时间多了，便经常一起出差，一起吃饭，久而久之，办公室就传出了他们关系暧昧的流言。看到同事们都在用异样的眼光看自己，小聪十分揪心。随后，这件事情就成为其他同事茶余饭后的谈资。小聪当时感到受到了莫大的委屈，痛苦极了。但是她又坚信：是非止于智者，清者自清，浊者自浊，时间会证明一切。随后一段时间，大家也都觉得流言之事经不起推敲，也就没人再提及此事了。

一段时间后，有人打电话告诉小聪传播她谣言的"真凶"，而小聪则说："这件事情已经过去了，不要再提及了。"经过努力，小聪很快成为销售部的精英，不久便又升了职。

小聪无意之中被卷入了"是非"之中，但是聪明的她并不理会，谣言便不辩而散。所以，要做一个智者，就要像小聪那样，相信"是非止于智者，清者自清，浊者自浊"的道理，先将谣言搁置一边不予理睬，这样才能真正地终止流言，让自己获得内心的平静和快乐。

要知道，很多流言，多数是在人们不平衡的心理作用之下产生的，对于这样的流言，我们应该一笑了之。因为别人嫉妒你，说明你比对方优秀，一个优秀的人是没有必要与一个不如自己的人计较的。

再者，对方在背后传你的流言，无非是想让你心里难受，如果你真的为此而计较难过，那不刚好中了对方的圈套么？所以，对于流言，我们完全可以置之不理。但是，对于一些子虚乌有，且已经对自身的名誉造成了重大损害的流言，我们则可以考虑以法律的形式加以追究。即便是借助法律武器，也没必要有太大的心理压力，因为一切都是人之常情而已。

总之，路是你自己的，人生也是你自己的，不必要太去在乎别人对自己的看法。任何人的看法与建议都不能从实质上改变什么。真正懂得对自己好的人，是能正视流言、有所取舍的人，这样的人才能更为真实、快乐和惬意地活着。

12. 别过分执着：不要一条道走到"黑"

如果为失去一件事物而懊悔苦恼，那么，失去的不仅仅是那件事物，还有心情、时间和健康。

——北大课堂引用名言

执着的追求与不断的思考，是走向成功的双翼。不执着，会容易半途而废；而不思考，不分析，很容易一条道走到"黑"！也就是说，在成功的道路上，选定了目标，有了良好的发展规划之后，坚持不懈、执着追求是达到目标，取得成功的保证。然而，在前进的过程中，要不断地思索，发现目标或者方向不对，就要立即学会转弯，不可一条道走到黑，否则，只是南辕北辙，蹉跎岁月，距离成功越来越远，而且还会给自己增添无端的痛苦。

过于执着就是病态，就是愚蠢。过于执着的人顽固、偏激，冥顽不灵，不懂得变通，无论其再努力也达不到既定的目标。其实，人生有许多无谓的错过，都是因为固执地坚持了不该坚持的。

在深山中住着一家猎户。父亲是个老猎手，大山中闯荡了几十年，一直靠捕获猎物养家。然而，突然有一天，父子三人到外打猎，因为下雨路太滑，父亲一不小心就跌落到山崖下面。

两个儿子将父亲救回了破旧的家中，父亲已经奄奄一息了，在弥留之际，他指着墙上面的两根绳子，断断续续地对两个儿子说道："给你们两个人一人一根……"话还未说完，就咽了气。

两个儿子掩埋了父亲，从此后，兄弟二人就继续靠打猎维持生活。然而，山林中的猎物越来越少，有时候，出去一天连个野兔都打不回来，两人的日子越来越难维持。弟弟就对哥哥说道："咱们干点别的吧！"哥哥却不同意："咱们家祖祖辈辈都是打猎的，我们还是本本分分地守着老本行吧！"

弟弟最终还是没听哥哥的话，拿上父亲给他的那根绳子走了。他先是到山中去砍柴，用绳子将柴捆起来背到山外的集市上卖几个钱，以维持生存。后来，他也发现，山中一种漫山遍野的野花很受集市中的人喜欢，而且价钱也很高。从此之后，他就不再砍柴了，而是每天背一捆野花到山外的集市上面卖。

几年下来，因为挣了不少的钱，他盖起了自己的新房子。

而哥哥则依旧在那间破旧的老屋之中，仍旧干着打猎的营生。因为经常打不到猎物，生活越来越拮据，每天都愁眉苦脸、唉声叹气。

终于有一天，弟弟到屋子中去看哥哥时，发现他已经用父亲留给他的那根绳子吊死在房梁上面。

给你一根绳子，你会如何呢？太过执着只会让人变得盲目。然而，在生活中，多数人何尝不是如此。总是喜欢自己加上负荷，不肯轻易放下，自诩为"执着"，最终却白白浪费了过多的时间与精力。我们执着于名与利，执着于幻想的美，执着于一份痛苦的爱，执着于不切实际的空想……等到数年光阴逝去之后，才会哀伤地去嗟叹人生的无为与空虚。

我们常常会这样自勉："我一定要成为某方面的专家"，"我一定要在一个领域内做出最大的成就"……但是很多时候，这些不切实际的理想与追求只会成为我们的一种负担，会羁绊我们实现那些切合实际的理想。

人生苦短，韶华易逝。执着于一个目标，一个信念，那是大勇，但是如果目标不合适，或客观条件不允许，与其蹉跎岁月，徒劳无功，还不如干脆放下。放下那宏大的美丽的理想，选择那些伸手可及的目标时，或许人生的局面就会在瞬间柳暗花明，实实在在的幸福正等在你的身旁。

第 4 章

心的静度修炼课

1. 心宁则智生，智生则事成

喧闹是一个悲剧，因为它是一种混乱的思维，你不能指望它给你带来创造，不能指望它给你带来平静，更不能指望它给你带来智慧。

——北大课堂引用名言

一位北大教授指出，平凡人的头脑像一个马蜂窝，整天都在嗡嗡叫。一个整天嗡嗡叫的头脑，你还能指望它做什么？这其实是告诉我们，人一旦被浮躁所左右，就会变得六神无主，盲目地追随潮流而丧失明智的选择。做起事情来，也会像个盲目的掘井人，四处掘井，很难掘出水来。

孙刚曾经在某个科研单位工作，待遇优厚，工作环境又好，是人人羡慕的对象。然而，10 年前，他禁不住"下海"的诱惑，停薪留职到深圳去淘金。他先是在一家公司当经理助理，随后又与人合作开办了一个咨询公司。

不久，他从媒体上发现自己的一位同学写的电视剧一炮打响，成了名人。为此，他又想去当作家，离开了咨询公司，凭着自己一时的冲动开始写作，写了几个电视剧本，因为功力太浅，尚未入门，全被扔进了废纸篓。这些年，他总是这山望着那山高，做着这件事情，又想着那件事情。在追求的忙碌中，人就像一只陀螺一般，被现实这根鞭子抽打得团团转。最后，他才发现，自己原想离开单位获得自由，结果找不到自己的定位，却失去了属于自己真正意义上的自由。

浮躁虽然算不上什么大病，但是它却能伤害人的健康，剥夺人的成功。伏尔泰说："使人疲惫的不是远方的高山，而是你鞋里的一粒沙子。"人要轻装上阵，不要理会生活中那些鸡毛蒜皮的小事，就要学会倒出那些烦人的"小沙粒"，浮躁正像那烦人的"小沙粒"，看似微不足道，但却能无休止地消耗人的精力，使宝贵的年华在疲于奔命中白白地浪费。

现实生活中，我们可能有这样的体会：将人击垮的往往不是那些巨大的挑战，而是自己给自己制造的小麻烦。人一旦被浮躁所左右，内心就会失去平衡，就会变得六神无主，盲目地追随潮流而丧失明确的选择，追求感官刺激而忽视精神生活的充实，做起事情来，就会无法聚精会神，也无法发挥自己的专长和潜能。

心宁则智生，智生则事成。只有内心安静了，人才能变得更为理智和智慧，所有的事情也就迎刃而解了。正如《大学》中所说："知止而后有定，定而后能静，静而后能安，安而后能虑，虑而后能得。"清代学者王之春在《椒生随笔》中也说："天地间真滋味，唯静者能尝得出；天地间真机栝，唯静者能看得透。"由此可见，古人早已领悟了心静的智慧，这也是一个人通向成功的至理名言。一个人只要通过自我制约，达到内心的宁静，便能产生智慧来。人一旦有了智慧，就会大有作为，成功也便变得越来越容易。

2. 学会享受孤独，懂得为生命"留白"

> 人们往往把交往看作一种能力，却忽略了独处也是一种能力，并且在一定意义上是比交往更重要的能力。反过来说，不善交际固然是一种遗憾，不耐孤独也未尝不是一种很严重的缺陷。
>
> ——周国平

在人海中穿行，每个人的心中难免会浮躁和劳累。我们也只有适时地为自己留一段空白，留一段云淡风轻的孤独，如此才能让自己的内心沉淀下来，才能体味出人生绝美的滋味。

一位哲人说，孤独是心灵的家，如果你能沉浸其中，学会慢慢品味，你会感到一种无比的幸福和快乐。心中有家，生命才有路。孤独是一种感觉，是一种情绪。也有人说，孤独是个性的浓缩，一种寂寞的悲哀，是一种欲盖弥彰的表现。但是更为确切地说，孤独是一种心境。每天为尘世中的琐事忙碌的人，根本无法真正体会到孤独的境界，沉湎于浮躁和焦虑中的人，是无法体会到孤独带给人的那种静美的滋味的。

在很多时候，孤独是一种乐趣，是一种与众不同，无法向他人诉说的乐趣。当你感到孤独的时候，你完全可以随心所欲，不用顾忌任何的眼色，这份自在，这份轻松，足以令人身心彻底地放松。如果你感受到这份自在，便能品尝到孤独的最大乐趣。

很多人在提及"孤独"时，往往含着同情或者怜惜，认为它是一种难受的情愫，然而，孤独却是一种极高的人生享受，许多伟大的事业，无不是在孤独中完成的。

"艺术天才"纪伯伦是位伟大的诗人兼画家，而他的艺术成就，多数是在孤独的状态下完成的。

纪伯伦在很小的时候就失去了亲人，孤独和生活重担常常压得他喘不过气来。为了排遣精神上的孤独，他用充满哀愁、倾听和憧憬的手法开始全身心地投入散文和诗歌的创作，借以释放内心的压抑和情感。当时的纪伯伦才刚刚 20 岁，但是，他的作品已经充满了对社会的叛逆和揭露，而这一切的成就都是在孤独中完成的。

后来，才华横溢的纪伯伦得到了有艺术鉴赏力的玛丽·哈斯凯尔的赏识，于是她就慷慨资助纪伯伦去当时的艺术之都——巴黎去学绘画，最终成就了他艺术上的伟大的成就。

在很多时候，孤独之中的生命是最为充实的。你可以在孤独中找回许多的失落，找到富有生命力的艺术灵感，为心灵拭去忧郁和痛苦。人生只有在宁静之中才能致远，在淡泊之中才能明志，这样的灵魂和生命又何尝不是最充实的！要知道，人的潜能，未经过磨炼，怎能够散发出光彩来。人生的痛苦，在很多时候是来自刻意的执着，为此，要摆脱痛苦，就要将心灵置于孤独之中，重新规划，这样才能让自己走得更为久远。

懂得品味孤独的人，是真正懂得生活的人，是可以把握自己生活的人，让我们做一个适度与他人相处、会调节生活的人吧，独处中自有乐趣，孤独之中自有惬意，只要你仔细去品味。

3. 学会祛除内心的杂念

人心本清净，但往往会被杂念所遮蔽，因此只要拭去妄念，清净光明的本心自然就会出现。

——北大课堂引用名言

《菜根谭》中说："水不波则自定，鉴不翳则自明。故心无可清，去其混之者，而清自现；乐不必寻，去其苦之者，而乐自存。"关于此，一位北大教授如此解释道："水不起波浪自然就平静，镜子不受遮掩自然就明亮。所以，人心没有什么可清洗的，只需祛除使心绪混乱的杂念，清心自然出现；快乐不需要往外寻求，只需去除使身心痛苦的根源，快乐自然存在。"由此可见，要修炼心的静度，首先要学会祛除内心的杂念。

祛除内心的杂念就是要不过于计较、不过于思虑、不为妄念所困。世上本无事，庸人自扰之。生活中，很多人往往会自寻烦恼，给自己套上精神枷锁，从而搞得自己疲惫不堪。我们应该学会解除这些束缚，祛除内心的杂念，给自己减压，从而才能让自己活得轻松和快乐。

有一个人请教老禅师如何修行，禅师说："困来睡觉，饿来吃饭。"那人就十分奇怪，就说："如此简单的事情，每个都在做的啊，怎么就是修行了呢？"

禅师说："每个人都能吃饭，但是却不会好好地吃饭——千般地去计较；每个人都会睡觉，但是却不懂如何去好好睡觉——心中充满百般的思虑；过于计较，过于思虑，人只会被内心的这些虚妄的杂念所困，就是失去了自我，成为杂念之奴。"

其实，禅师的意思就是：事来就应，不必过于去在乎，去计较，去思虑，这样才能修炼一颗清静心。

老禅师道出了修炼清静心的实质：就是不苛求，不计较，不思虑。它意味着不骄不躁，用一颗平淡的心去面对世间万物，得意时不忘形，失意时又不过于悲观；在现代紧张生活的压力下，仍能保持内心的平静，去感受一份闲看庭前花开花落，望天外云卷云舒的自在和惬意！

一个人能达到心静的境界，就不会感到迷茫，可是却有很少人能做到，因为这个世界上有太多的诱惑或者烦琐。虽然我们不可能完全抛开世间之事，但是有一点要尽力做到，那就是不被外界的环境所干扰，在任何时候，都不去计较，不过于思虑，不担忧，不恐惧，如此才能享受到生命的幸福和快乐。

4. 享受安静，别让劳碌拖累了你的心

罗素说："一个不具备精神独处能力的人，是不会成为伟人的。"一个不具备精神独处能力的人，同样不能成为一个成功者。清净心是在清静的心理环境中获得的。

——北大心理与认知科学学院课程理念

现代生活节奏异常的快，很多人都处于超负荷的忙乱的生活状态之中。白天忙了一天，晚上终于可以回到家中清闲片刻了。但是，我们却往往又置身于电视、网络、应酬等状态中，直到临睡前，内心还会陷入一种莫名的不安之中。为何不安？也找不出任何的理由来。其实，这主要是我们的内心总在超负荷地运转，以至于让忙碌深深地刻印在我们的灵魂之中了。

这是一个普通上班族的一天：

早晨六点多钟，床头的闹钟响起。神经便开始紧张起来，要忙着起床、洗漱、穿衣。开始吃早餐。很多人根本没有时间吃早餐，于是就随手抓起水杯和面包，急急忙忙地跳进公共汽车中，开始了一天上班高峰时间最艰难的煎熬。

从早上九点钟到下午五点钟，便开始为工作忙得不可开交，做事总是小心翼翼，极力掩饰自己的错误，而且为了维持和谐的人际关系，见到每个人都必须要强装微笑。当公司"重组"或"裁员"的斧头落在别人的头上时，自己就长长地松了一口气。然后再开始扛起额外的工作，不断地看着表，并不断地与内心的良知做斗争，行动上得极力地配合老板，脸上还得挂着令人满意的微笑。

好不容易到五点钟，下班了，多数人还得面对无休止的工作应酬。幸运的一群人行驶在回家的路上，开始与家人单独相处。吃饭、聊天、看电视。到晚上十点钟左右开始睡觉，以防明天因为迟到而被罚当月奖金。

其实，这种机械、无聊、无趣的生活状态离我们并不遥远，很多人都与上述这位上班族一样，每天都在大脑一片空白之中忙碌着，置身于一件件做不完的琐事与无尽的杂念之中，每天都在不停地忙碌着，丝毫体验不到生活的乐趣。

我们的内心就像被上了发条一样绷得紧紧的，忙碌和疲惫已经深深地刻在我们的灵魂深处了。要知道，生活的真谛在于追求自身的幸福和快乐，麻木与紧张并非是生活原有的状态。长时间的忙碌，只会让我们的生命变得麻木与干瘪，感受不到任何的滋味。为此，我们一定要抛开一切，放开心中紧绷的弦，让自己清闲下来一阵，这样，你就能够重新找到生活的意义和乐趣。

你可以推开一切，什么也不做，一定要找个清闲的地方，当然是不容易被闲人打扰的地方，否则，如果遇到了熟人，一定会不可避免地像往常那样与对方漫无边际地聊起来。在刚开始的时候，你一定会觉得心慌意乱，会觉得自己一停下来，所有的一切一定会出问题。这个时候，你就将这些杂念从你的头脑中赶走，尽力深吸气，保持内心的平静，慢慢地，就会发现，你整个人都会轻松很多。一会儿，你就能够体会到这一段时间竟然是如此惬意，感受到生命原来是如此美好。接下来，如果再去工作，你就不会那么手忙脚乱，就会从容淡定地去处理各种事务，内心不会再有任何的紧迫感。只要将这种状态坚持下去，并且养成习惯，你的生活状态将会得到极大的改善，你就会从那种极为紧张的情绪中解脱出来，使你的思路清晰，灵魂得到彻底的净化，生命质量得到极大的提高和改善。

5. 主宰自己，学会沉思

喧闹的大脑是个悲剧。喧闹是外在的信息对你大脑占领的结果，是你没有自己的主宰的结果。要去掉喧闹的唯一的办法就是升起自我，由一元思维变成二元思维，由他主宰变成我主宰。这样，你的头脑才会走向宁静，才会水波不兴，静如处子。

——北大课程引用名言

一切开悟者都是从不学开始的。学习只会创造头脑的喧闹，不学时，沉思时，你才能真正地走上开悟之路！这其实是告诉我们，学习并不能增加智慧，而唯有心灵宁静时的沉思，才能提升自我智慧。一位北大教授认为，学习是有用的，但只是心灵的助手而已，要想将学习的内容转变为智慧，必须要学会独立思考。"学而不思则罔"，说的其实就是培植大脑智慧的重要性。

一位学习刻苦的学生去向一位智者求教，如何才能拥有绝高的智慧。

智者问："你早晨起来都会干些什么？"

学生说："我在刻苦地学习！"

"那上午你会干些什么？"

"刻苦学习！"

"那你下午和晚上都干些什么呢？"

学生更为自豪地回答："我在刻苦学习！"

智者不仅没有对这位学生的行为大加赞扬，反而无奈地摇了摇头。

学生感到很不解。

智者说："你把时间全部用在学习上，那你永远只能成为别人。你到我这里来，是要成为你自己的。要成为自己，就要发展自己的智慧，发出自己的声音。"

多数人都认为，只要勤于学习才能更有智慧，其实不然！你学得再多，那也只是对别人的复制。你学了各种各样的知识，每一种知识都会在你大脑中占山为王，相互厮杀，于是你一天也不会安宁。所以，要想成为一个有智慧的人，就要学会保持内心的宁静并且勤于沉思。当你成为一个有智慧的人之后，你的内心也将会变得异常安静，才能体悟到学习的快乐，才能主宰自己，运用自己智慧去指导自己的生活。

6. 静心是让心灵处于一种"活静"状态

静，并不是"死静"，而是"活静"。

——北大课程理念

《菜根谭》中有语："好动者云电风灯，嗜寂者死灰槁木；须定云止水中，有鸢飞鱼跃气象，才是有道的心体。"意思是说，静不下来的人像雷鸣电闪，霎时就会无影无踪，又像风前的残烛孤灯，摇曳不定忽明忽暗。一个真正有清静心的人，应当与上述两个极端都不相同，他的内心世界应该像静水中有彩云飘动，天地间有鱼跃鸢飞，生动活泼，生机盎然。静气中有大气，有灵气，有浩气，不惟死静，方称清净之境。也就是说，静，并非是一定要处于寂静的环境中，让自己的心如死寂一般，毫无生机，而主要指的是一种淡定的心理状态。

在江南的时候，苏东坡与佛印禅师交往甚密。两人隔江而住，经常来往。

有一次，苏东坡到佛印的庙中拜访他，佛印不在，苏东坡就独自一人去参观佛堂。看到堂前威严端坐的佛爷，便诗兴大发，管庙里的小和尚要来笔墨，一挥而就："稽首天中天，豪光照大千。八风吹不动，端坐紫金台。"写完之后，极为得意，请小和尚务必要把这首诗转交给佛印，让他看看自己是否领悟到了佛家的真理。

佛印回来之后，就看到了苏东坡的诗，二话不说，便在他的诗旁边写了两个字：放屁！然后让小和尚再将诗给苏东坡送回去。苏东坡看到这两个字之后便立即火冒三丈，你个秃驴，不夸我诗写得好也就罢了，怎么能骂我放屁呢！心中十分生气，立刻起身过江去找佛印的麻烦。

佛印一见到苏东坡，便哈哈大笑起来，道："你不是八风都吹不动吗，怎么被我的'一屁'吹过江来了？"苏东坡一听，也哈哈大笑起来，方才明白老朋友的用意。

其实，这里所指的"八风"就是佛家所讲的不被利、衰、称、讥、誉、毁、苦、乐（顺利、衰败、称赞、讥讽、名誉、诋毁、困苦、快乐）所困扰。

其实，清静心就是不为外界的任何物欲所干扰，不被外在的"八风"所困，它讲求的是一种气定神闲的气度，是一种泰山崩于前而面不改色的镇定程度，是遇事沉稳而又积极果敢的气魄。拥有了这样的生活状态，我们在生活中才会处之泰然，宠辱不惊，不会因为太过兴奋而忘乎所以，也不会因为太过悲伤而痛不欲生。

7. 心平气和地面对不平事

对待一切善良的人，不管是家属，还是朋友，都应该有一个两字箴言：一曰真，二曰忍。真者，以真情实意相待，不允许弄虚作假；对待坏人，则另当别论。忍者，相互容忍也。

——北大课堂引用名言

保持一颗平常心是获得快乐和幸福的源泉，在波澜不惊的生活中，很多人尚且可以做到这一点。可是，当面对各种利益纷争的时候，你还能够保持心平气和吗？如果遇到暗算、被冤枉等事件的时候，你还能做到宠辱不惊吗？

在漫漫的人生道路上，每个人都不可避免地会遇到诸多的不平之事：比自己能力弱的人却提前升职了；事业刚刚有点起色，却遇到了各种各样的流言蜚语；工作能力很强，却得不到上司的青睐；因为一件小事被要好的朋友误解；好心帮别人，却换来埋怨声……诸如此类的事情层出不穷。如果遇到了这样的不平事，多数人会抱怨，会自暴自弃。但是，你要知道，抱怨根本无法改变现状，自暴自弃也无异于放弃自己。唯一可取的方法便是，调整好自己的心态，并且以乐观、积极的心态去面对工作和生活。既然我们没有能力去改变现状，就学会改变自己的心态吧。很多时候，如果你面对任何事都能做到心平气和，所有的问题便会迎刃而解，种种的矛盾也自然能打开。

唐代著名的法师——慧缘法师，曾经独自一个人在寺院后面的山洞中修持了 10 年时光，后来，他又回到了承天寺，每夜都会在寺中通宵打坐。

有一天，大殿上功德箱里的钱突然丢失了，法师无疑成为众人怀疑的对象。因为在他回寺之前从未发生过此类的事情，而且大家都知道他每天夜里都会在大殿内打坐，如果是别的盗贼前来行窃，他应该知晓才是。但是，当寺院主持当众说这事的时候，慧缘法师并没有任何的反应，所有人都认为偷功德款的人一定就是慧缘了。所以，全寺众僧人以及和尚、居士无不对慧缘法师另眼相看，都向他投来鄙视的目光。

但是，慧缘法师处在这种人人怒目相视的环境中，仍然能够心平气和，若无其事。他既没有站出来喊冤叫屈，向众人申明一切，也没有流露出半点受委屈的情绪，与平常没有两样。每天按时去吃饭，每晚还是照样去大殿打坐。

终于，在七天后，寺中的主持才来揭开了谜底：原来功德款根本没有丢失，这是主持在考验慧缘法师，想知道他在山洞中住的 10 年修炼出了什么样的境界。没料到他竟能在遭遇冤枉的情况下，依然不改常态，以一颗平常心去生活，为此，全寺上下无不由衷地对他产生了崇敬。

生活中的事，并不是完全公平，样样都尽如人意的。遇到不公我们应该像慧缘大师那样，心平气和、宠辱不惊，既看得破，又要忍得过。与其在追求是否公平上枉费心力，不如踏踏实实地把自己的事情做好，这不是任人摆布，更不是逆来顺受，而是一种理智的生活方式。就如你无缘无故被一只疯狗咬了一口，难道你非要反过来咬疯狗一口，心里才舒服吗？

8. 静心是保持健康的"金钥匙"

许多东西，当我们没有它们也能对付时，我们才发现它们原来是多么不必要的东西。我们过去一直使用着它们，这并不是因为我们需要它们，而是因为我们拥有它们。

——周国平

古代诸多的医学著作也告诉我们，静心也是养生的核心，是保持身体健康的金钥匙。而愤怒、生气等负面情绪，则是健康的杀手。《黄帝内经》中说"怒则气上，喜则气缓，悲则气结，惊则气乱，劳则气耗"。所以，百病都是生于气。现代医学也发现，人类70%～90%的疾病与心理有着极大的关系。如果人的心态不好，爱着急、爱生气就容易破坏人体的免疫系统，易患高血压、冠心病、动脉硬化等病症，这样也就意味着人会死得更快。一位心理学者曾经也发微博提醒，生气1小时的杀伤力相当于熬夜加班6小时！生气是一个人对自己实施的酷刑，消极恶劣的情绪会造成心理及体力过度消耗，导致免疫力下降，使各种疾病甚至癌症发生，盛怒有时还使人暴亡。所以，心理平和对人的身体健康是极为重要的，可以说，谁能永远保持一颗平和的心，就等于掌握了健康的金钥匙。

所以，为了自己的健康，千万别再生气了！要知道，健康长寿是1，其他一切都是1后面的0；没有健康长寿，其他一切身外之物与争论长短又有什么意义呢？不能因小失大、因假失真、因苦失乐。理直不要气壮，要气和；得理要饶人。嘴巴不好，脾气不好，心地再好也不能算作是好人。

一位心理学老师，曾经给自己的学生上了这样一堂心理课：蛋糕分配不公的启示。

心理学老师在上课之前把一块大蛋糕端进教室，切成了五零四散的小块之后，有的同学拿到了蛋糕，而有的同学没有拿到；有的同学拿到了一块大的，而有的同学则拿到了极小的一块；有的同学拿到了带有奶油的，而有的同学则拿到的是没有奶油的……在这样的情况下，有的同学却向老师提意见了，"老师，您的蛋糕分得太不公平了。"老师却没有及时地回答学生提出的问题，而是让全班的同学都同时思考这个问题。

10分钟后，老师让同学开始回答。有的学生说："老师分得是对的，那些平时表现好的同学就应该得到大的蛋糕。"有的说："有的同学个子小，就应该得到大块的，以多补充营养。"听完学生们的回答，老师说很好，同时又说："我们该如何面对这些不公正的待遇呢？"这次学生们的回答更踊跃了。有的说：我们应该有一颗冷静的心，先对事物进行分析，再去下结论；有的学生说：每个人都应该有一颗宽容的心，要多站在别人的角度想问题，才能获得快乐；有的学生说：我们应该理性地积极地去看待问题，要看到自己的不足；还有的学生说：我们应该以一颗平和的心去看待问题，不能因为这些不平事就着急气愤，这是在自寻烦恼。

冷静、宽容、理智、积极、平和，这几个关键词就是我们面对不平事时应该具有的态度。对此，作家契诃夫有自己的态度："要是火柴在你的口袋中烧起来，那你应该高兴才是，而且要感谢上苍，幸亏自己的口袋不是火药库；要是你的手指不小心被别人扎了一下，那你也应当高兴，幸亏这根刺不是扎到自己的眼睛里了；要是无意中被人踩了一下，那你应当高兴，幸亏不是被汽车轧了一下。"如果我们每个人都能以这样的心态去面对世事，那么，健康、快乐和幸福，将会永远围绕着我们。

9. 以"淡"字交友，别被社交所累

人生得一知己足矣。

——鲁迅

生活中，干扰人静心的另一个因素便是社交。现代社会，因为朋友之间掺杂了太多的利益得失，功利算计，我们常常会为利欲和世俗客套所累。要知道，真正能带给人享受的友情是平淡如水的，是不会成为心灵的一种负累的。

唐朝贞观年间，薛仁贵在尚未得志之前，与妻子住在一个破窑洞中。衣食亦无着落，只是靠一个叫王茂生的朋友接济。后来，薛仁贵参军，在跟随唐太宗李世民御驾东征时因为战功显赫，被封为平辽王。一登龙门，自然身价增长，前来薛王府送礼祝贺的文武大臣络绎不绝，但是最终都被薛仁贵婉言谢绝了。他唯一收下的礼物就是以前的老朋友王茂生送来的两坛美酒，但是坛中装的并非是美酒而是清水！

当薛仁贵得知酒坛中是水而非酒，不但没有生气，反而取来一个大碗，当着众人的面痛饮下三大碗王茂生送来的清水。在场的文武百官很是不解其意，只见薛仁贵喝完三大碗清水之后说："我在过去落难之时全靠王兄夫妇资助，如果没有他们，更没有我今天的荣华富贵。而如今我美酒不沾，厚礼不收，却偏偏只收下王兄送来的

两坛清水，是因为我知道王兄家道贫寒，即便是送给我清水也是王兄的一番美意，这叫作君子之交淡如水。"从此以后，薛仁贵与王茂生一家的关系更为紧密了。

薛仁贵与王茂生之间的友情正是因为平淡，才显得更为珍贵，也显得更为亲密。关于此，庄子曰："君子之交淡若水，小人之交甘若醴。君子淡以亲，小人甘以绝。"意思是说，君子间的友情像水一样平淡无味，正因为平淡才能让人有一种清爽的感觉，两者间的关系才能持续得更为长久；而小人间的友情像甜酒一样黏黏糊糊，清淡可以使人更为亲近，而太过于甘甜却会使人疏远，太过甘甜就会成为一种负累，疏远也是不可避免的了。这就是所谓的"君子之交"，他们相互之间不会因为观点的不同或意见的分歧而产生根本性的矛盾，相互之间交的是心灵，不会被世间的客套与烦琐所累。因为彼此知心，所以，也无须更多的语言，与这样的朋友相交，是人生一种极大的享受。

为此，在生活中，你若去经营友情，就要用一颗平和的心态去对待对方，以一颗明智的心善待对方，不需要绞尽脑汁去用轰轰烈烈的豪言壮语去表达，更不用虚情假意地矫情做作。即便是彼此很久不见，心中也会有一丝淡淡的思绪；见面之时，相视一笑，没有太多的客套，甚至连问候的话语都是多余的，彼此在一起静静地喝茶，就是最大的享受。相互间既不互相猜忌，又不互相吹捧，就如白开水一样平淡透明，如此的友情才能持续得更为长久。

10. 在平凡中体验生活的美好

　　在平凡的日常生活中，你已经习惯了和你所爱的人相处，仿佛日子会这样无限地延续下去。忽然有一天，你心头一惊，想起时光在飞快流逝。正无可挽回地把你、你所爱的人以及你们共同拥有的一切带走。于是，你心中升起一种柔情，想要保护你的爱人免遭时光的劫掠。你还深刻感到，平凡生活中这些最简单的幸福也是多么宝贵，有着稍纵即逝的惊人的美……

——周国平

　　每天早上起床、上学或放学，上班或下班……多数人在多数时间可能都生活在这种按部就班、周而复始的平凡生活状态之中，这就是生活的常态。但是，有的人却不甘心过如此风平浪静、波澜不惊的生活，总觉平凡的生活太无滋味，波澜壮阔的生活才能体现出生命的精彩来。于是，会常生出一些埋怨和烦恼来，其实，这是庸人自扰，平凡才是真真切切、原汁原味的生活。

　　例如，我们日复一日、年复一年地要吃饭、睡觉、走路，这些都是极为平常的事情，如果你一味地抱怨这样好没劲、无聊，并总是想方设法地要去改变的话，那么无疑是在给自己招致麻烦。试想，你不再吃饭，那就离生命的终点不远了；如果你常常睡不着或者睡不好觉，白日里一定会无精打采或烦躁不安；如果你不能走路了，那可能就意味着你的腿出了问题或者是身体的其他部位有了疾病。要知道，越是平凡的东西，越是人们所不可或缺的，我们越不能因为其平淡无奇而觉得其可有可无。空气、阳光、水源、食物……这些东西都是极为平常无奇、淡而无味的，但是却是我们一刻也不能缺少的。父母、爱人、孩子、朋友等，平淡无奇地在我们生活中存在着，但是如果少了他们，我们便会痛苦不已。所以，从现在开始，学会在平凡的生活中体味美好吧，它才是生活的原滋味。

他是一个城市的建筑工，为了生活，每天都必须在工地上拼命工作。夏天他将自己暴晒在烈日之下，汗流浃背，冬天，他又必须要在大雪纷飞中忍受严寒。这种长年累月的艰辛，让他厌倦了当下的生活，每天都闷闷不乐，忍受着身体和精神的双重痛苦。

然而，这一天，当他拖着疲惫的身躯回到家中的时候，猛然看到妻子一如既往地在厨房中忙乎着为他做饭、烧水；几个孩子在屋中快乐地嬉戏，一看到他回到家中，便都兴奋地扑了上去……正是在这个时候，他发现自己简陋的小屋中竟然充满了别样的温馨。他慢慢地走进厨房，用一种充满爱意的感动将妻子抱起来，转上一圈。妻子的体重并不比五十千克重的石头轻多少，但是，他的内心却洋溢着幸福和快乐的味道。

这样一个小小的动作，就让快乐和满足将他一天的疲惫赶走，再也感觉不到任何劳累了。

快乐和幸福都蕴藏在平凡的生活中，它与物质的多寡无关，与身份地位的高低无关，只要用心去体验，便随手可得。

看吧，那些在草地上玩耍的孩子，脸上个个都洋溢着快乐的笑容，滑梯之下，小桥边上，欢乐地嬉戏玩耍，葱葱绿荫之下，父母们面带微笑津津有味地聊着家常，不时还看看玩耍中的孩子。对他们来说，人生最大的快乐，就是陪着孩子，与周围的人闲聊一番，这就是属于他们的最为简简单单的快乐。

夕阳西下，在令人充满无限惬意的花园中，一对年迈的老人，在小径上面缓缓地走着，边走边聊，笑颜不时地在他们脸上绽放。在他们身上，看不到"夕阳无限好，只是近黄昏"的沧桑的感慨，有的只是属于他们老两口享受生活的无限喜悦与甜蜜。这样简单的快乐，只属于他们。

活力的阳光、娇艳的花朵、绿油油的草坪、孩子的笑声、静谧的月光……这些看似平凡的事物，都可以让我们找寻到久违的快乐。美好的人生需要快乐去点缀，让我们学会微笑，用心体验平凡，让自己快乐起来，不仅为获得一份真挚的友情，还为获得一份珍藏的回忆，一次美好的精神体验而快乐，如此这样，平淡的生活也会灿烂如花！

11. 学会享受清福

修炼一颗清净心，是人生的一种大福气。

——北大课堂引用名言

世间最大的福气，莫过于过清闲快乐的生活。其实，清闲快乐的生活就是清福。洪福容易享，但是清福却最难享。红尘中人，有功名且富贵的人，都可以享受到洪福，但是因为缺乏看透生活的大智慧，所以很难享到清福。清福是一种朴素之福，是闲适之福，是淡雅之福。有些人到了晚年后，本来可以享受清福了，但是因为觉得无事可做，时常感到寂寞、无聊，感觉自己是个无用的人，所以，常被痛苦所缠绕。

季羡林说："我现在心情也很平静，是在激烈活动后的平静。当人们意识到自己老了时，大概有两种反应：一是自伤自悲，一是认为这是自然规律而处之泰然。我属于后者。"由此可见，只有能够看透人生，享受寂寞的人，才能体味到清净带给自己的快乐和自在。

季羡林到了 80 岁的时候，仍然有着和谐美满的家庭，那时候家人常常聚在一起，享受着祖孙三代其乐融融的幸福。然而不久之后，家中 3 位至亲相继离世，突然之间只剩下他一个"孤家寡人"。但是他却没有表现出过度的悲痛，因为他对生老病死，都是有心理准备的。他曾经这样写道："我活了80岁，参透了人生的真谛。人生无常，无法抵御。我在极端的快乐中，往往心头闪过一丝暗影；天下无不散的筵席。我们家这出美满的戏，早晚有煞戏的时候。"他曾自命自己是陶渊明的跟随者，以"纵浪大化中，不喜亦不惧"作为人生的座右铭。

从此处，我们不难看出季老随性随喜的平和心态，正是因为有了这份感悟，他的生活逐渐变得超然而自在。他见过了生死，所以不畏惧生死，连死都不畏惧了，还有什么不能淡然呢？还有什么理由不懂得享受寂寞呢？这种人生境界如果没有经历过人生沉浮、生死体悟的人是做不来的，而季羡林却做到了。

在现代社会中，多数人却被外在的物欲牵着鼻子走，忙碌的脚步无法停下来，内心被填不满的欲望不断地折磨，享受不到片刻的宁静，我们已经在不知不觉间将忙碌和烦恼深深地同化到我们的心灵深处了，再也无法承受寂寞和孤独，如何能够享受到"清福"呢！所以，要享受清福，就要学会停止忙碌，不要被外在的物欲拖累，让自己的心被外物所扰乱，应该学会在平静的生活中愉悦地享受快乐和充实，那么，你便会如神仙般自在、快乐。

12. 功成身退，是人生的一种大境界

遁，不是消极避世，也不是苟且偷生，逃之夭夭，而是有预见的主动隐退。

——北大课堂引用名言

要修炼一颗平静的心，在事业上要学会及时"舍利弃功"。要知

道，在个人事业奋斗的过程中，顺境只是一个阶段。没有人可以一直走上坡路，当自己的事业达到顶峰之后，如果你稍不小心，便可能会出现下跌的趋势，这样难免会让我们痛苦、烦恼。为此，为了保住自己的胜利果实，让自己永远活在快乐之中，就要在激流之中选择勇退。

一味地争强好胜，好勇斗狠，得到了还想再得到，那最终的结果可能会事与愿违，不仅最终得不到，而且还会失去更多。多数人认为，在事业或名利的高峰选择收步，是一种"傻子"行为，因为他们仅仅看到了眼前的顺境，而没有考虑到后面可能出现的逆境。事实上，这样做是明智的行为，是为了保护自己的胜利果实，也是为了让自己过得更为安宁和快乐。

中国知名排球女将郎平的体育生涯是极为精彩的，她曾经在世锦赛上与队友一起拿过五连冠，其他的冠军头衔更是数不胜数。她不仅是国家体委授予的运动健将，还是全国十佳运动员。

1987 年，郎平顺利从国家队退役，当时的她，选择了到美国去留学。郎平初至美国，为了挣足学费，就加盟了意大利甲 A 排球俱乐部摩迪那队，成为意大利排坛的第一位中国人。

之后，表现优秀的郎平一直收到其他很多国家队的邀请。从 1999 年开始，郎平远赴意大利执教，她率意大利摩德纳女子排球队在 2000 年获意大利女排联赛冠军、2001 年夺得欧洲女排冠军联赛冠军、2002 年再夺得意大利联赛和杯赛双料冠军。

从 2002～2003 赛季开始，郎平转执教意大利诺瓦腊俱乐部，率领诺瓦腊女排夺得意大利超级杯和 2004 年意大利联赛冠军。

除了 1995 年到 1998 年任中国国家队的教练，在 2005 年，她决定接受美国排协的邀请，担任美国女排的主教练。在她的精心指导下，美国队拿到 2008 年北京奥运会的入场券，并且在最后的决赛中取得了亚军。

北京奥运会女排的颁奖仪式后，郎平把女儿白浪拉到一起合影。随后，美国排协的网站上公布了郎平不再续约美国女排主教练职务的决定。郎平做出这个选择的主要原因，是希望能把更多的时间留给家人，享受和体味人生的快乐和幸福！

郎平不仅在做球员的时候冲出了亚洲，走向了世界，做教练也是一样。在她达到事业巅峰的时候，她没有固执地继续下去，而是选择了家人。她的功成身退需要很大的勇气和决心，也许其他人会为她的离开感到惋惜，但是郎平自己不会有任何遗憾，因为她给自己的体育生涯画上了完美的句号，用余生去体味和享受家庭带给自己的快乐和幸福，这样的人生才是没有遗憾的人生！为此，我们在事业成功的时候，一定要清醒地面对自己的处境，一味留恋并不会让成功延续下去，只有功成身退才能让成功成为永远，及时的急流勇退不仅是高深的处世哲学，是一种过人的智慧，更是一种人生的大境界。

13. 淡泊名利，宠辱不惊看人生

求得心理清静至关重要的一条原则是对功名利禄、荣誉地位淡然处之，不孜孜以求、不为之奔波劳碌，这样就可以摆脱使人心神不宁的种种人间纠纷。

——北大课程引用名言

季羡林曾经对自己进行过这样的评价："我不是一个没有名利思想的人——我怀疑真有这种人，过去由于一些曾经说过的原因，表面上看起来，我似乎是淡泊名利，其实那多半是假象。但是到了今天，我已至望九之年，名利对我来说已经没有什么用，用不着再争名于朝，争利于市。"这里，季老坦然承认自己曾经一度也是有名利之心的，然而随着时间的推移，他对人生的体悟更加深刻之后，逐渐放下了名利的枷锁，让自己的心恢复了自由与轻松。

诚然，名利的确能够给人带来巨大的物质利益，能够满足人的虚荣心。但是如果你过分地追名逐利，一定会给自己带来无尽的烦恼。萨克雷的《名利场》中的女主人公蓓基·夏波便是一个例子。她一生都在不断地追名逐利，但是最终，她的一切心机都白费了。作者在书中以这样伤感而又无奈的语气说道："唉，浮名虚利，一切虚空，我们这些人谁又是真正快活地活着的呢？谁又是称心如意地活着的呢？虽然当时遂了一时的心愿，最终照样还是不懂得知足！"

其实，在这个世界上，每个人都是匆匆的过客。名与利，都是过眼云烟，生不带来，死不带去，与其一生为其所累，不如活得实实在在、快快乐乐，用一颗平和的心去对待它。

古往今来，那些有成就的大学问家，都是对个人名利不屑一顾的人，而是将自身全部的心血都投入到个人的事业中。所以，他们一方面能够享受到心如止水的快乐，另一方面又取得了惊人的成就。

伟大的化学家居里夫人，一生共获奖无数，各种奖章 16 枚，各种名誉头衔共 117 个，但是，在这些至高的荣誉面前，她始终都能够保持一颗平淡如水的心。

一天，一位朋友到她家里做客，看到居里夫人的小女儿正在玩英国皇家学会刚刚颁发给她的一枚金质奖章，朋友大惊："英国皇家学会的奖章怎么能给孩子玩呢？这可是至高的荣誉呀！"居里夫人看罢，便笑了笑说道："我只是想让孩子们从小就知道，荣誉其实就像玩具一样，只能玩玩而已，绝不能永远守着它去生活，否则一辈子可能终将会一事无成。"不仅如此，居里夫人还毅然辞掉了 100 多个荣誉称号。正是她始终能在荣誉面前保持一颗淡然的心态，才使她能够获得第二次诺贝尔奖。

淡泊是一个人的修养，是一个人精神的至高境界，是一种灵魂的典雅。真正淡泊之人，心态平和，视名利如粪土，能够堂堂正正做人，踏踏实实做事，做事业的时候，他们能够获得精神上的享受，从而更容易站在人生的制高点。

曾获19项国内外大奖的袁隆平说："要淡泊名利，踏实做人，才能取得一定的成就。现代搞研究的人，就是功利心、享乐心太重，急功近利，总爱弄虚作假，到头来害人害己，只有脚踏实地地做事，才能获得心灵上的满足。"为此，在名利面前，袁隆平始终仅仅满足于基本的生活需求，对此，他解释道："精神上丰富一点，物质上和生活上看淡一点，因为一个人的时间与精力是十分有限的，如果内心总想着名与利，哪有心思去搞科研呢？在吃用方面，也始终以简单和朴素为主。如此这样，才能让自己保持富足的心态，心情也很是愉悦，事业也才能够获得极大的成就。"

无可否认，现实五光十色的生活的确充斥着各种各样炫目的诱惑，对名利这些东西，很多人嘴上虽然是"视为粪土"，但内心还是"看得破，忍不过，想得透，做不来"，在真正面对名利的时候，总是忍不住去争一下，抓一抓，最终累心累身，实在是得不偿失。所以，生活中，我们要想获得快乐和轻松，就要看淡名与利，平静地面对生活中的一切，平静地对待身边的人和事。得到了便欣然接受，失去了泰然处之，宠辱不惊，在鲜花和掌声中不忘形，面对冷嘲热讽也无所谓；得意时不张扬，在挫折面前也不忧伤……唯有在此种心态下生活的人，才能活得快乐和洒脱。

第5章

心的乐度修炼课

1. 快乐要向内求，而非向外求

仅仅作为谋生手段的工作是不快乐的，作为人的心智能力和生命价值的实现的工作是快乐的。用马克思的话说，前者是一个必然王国，后者是一个自由王国。

——周国平

柏拉图说："决定一个人心情的，不在于环境，而在于心境。"一个内心充满快乐的人，无论在什么样的环境，无论在什么样的境况中，都能够积极乐观，看到事物蕴含的美好的一面，信心十足，快乐无比；相反，一个内心充满悲伤的人，无论在什么样的环境和什么样的境况中，都是悲观失望，闷闷不乐。所以，我们要获得快乐，不要向外求，而要向内求，学会调整和培养自己乐观的心态，这是关键。

一位生性乐观的哲人在自己单身的时候，与几位朋友挤在一间仅有七八平方米的小房子中，里面几乎看不到阳光。但是他总是乐呵呵的，朋友说他："那么多人挤在一起，有什么值得你高兴的？"

哲人说道："朋友们住在一起，随时可以交流思想、交流感情，难道这不是值得高兴的事情吗？"

一段时间之后，所有的朋友都成了家，先后搬了出去，屋内只剩他一个人孤零零的，但是他却仍旧每天都乐呵呵的。又有朋友问他："你一个人孤孤单单的，有什么值得你高兴的？"他笑呵呵地说："我有很多书哇，每本书籍都是我的老师，每天和这些老师在一起，学到很多东西，难道不是令人高兴的事情吗？"

几年以后，这位哲人成了家，搬进了大楼中，住在一层，仍然是一副乐呵呵的样子。有人问他："你住在一楼，那么阴暗潮湿，有什么值得高兴的？"他却说："一楼太好了，进门就是家，搬东西很是方便，朋友来拜访也很方便，而且，在这些空地上可以种花种草，比那些住在楼上的人有趣多了。"

又过了一年，这位哲人就把一层让给一位全身瘫痪的病人住，自己搬进了楼房的最高层。但是他仍旧是快快乐乐的。朋友问他："你住楼顶那么不方便，有什么可乐的呢？"这位哲人说道："有很多好处呢！每天上下楼几次，十分有利于身体的健康；每天看书、写文章，光线很好；没有人在头顶上干扰，白天黑夜都十分安静。"

境由心造，一切外在的境况，都是我们内心的映射。带着好的心态去看事、处事、做事，就能得到好的结果；相反，如果你的内心是消极、悲观的，无论你在怎样的环境中，都是不快乐的。正如翟鸿燊所说，当一个人心态好的时候，他的思考是正面的，他的行为是精进的，他的表达是正面的，他的行为也是积极向上的……

如果你能用欣赏的眼光去温柔地对待生活中的每一天，每一件琐事的时候，你完全可以摆脱你自认为的疲惫和困苦的境遇，你周围的一切都会变得美好起来，滋润起来！用乐观的心情去过每一天，四季的亲切，生活的美丽就会将你温柔地包裹起来。为此，如果你能够以温柔之心对待世界，就不会计较雨露对小草与花儿的偏爱，就不会使心灵在红尘的追逐中受累，那么，你的每一个平淡的日子也会如和煦的春风般永远灿烂如花。

2. 保管好快乐的钥匙，别把它交给别人

财富不一定能拥有，地位也不一定能拥有，而人生快乐无穷尽，就看你会不会寻找。

——北大课程理念

其实，快乐源于一个人的内心，而非外在。每个人的内心都有一把快乐的钥匙，只要你勇于开启它，便可以轻易地在平凡的生活中感受到快乐和幸福。然而，很多人却不自觉地把这把钥匙交到了别人的手中去掌管：我们常会因为别人的误解而难过，别人不可理喻的谩骂而气愤，别人的冷言冷语而失落，也会因为别人的抱怨而懊恼，我们就是因为太过于在意他人的看法或感觉，而让自己在不知不觉中丢了幸福和快乐。

凯丽是一家著名杂志社的心理学顾问，有一次，她与朋友一起在一个报摊上买了一份报纸，当卖报员把报纸递给朋友的时候，朋友向他说了一声"谢谢"，但是，卖报纸的商贩却以冷言冷语相对。

"这个家伙的态度真是太差了，真让人气愤，不是吗？"她们继续前行时，凯丽的朋友就这样抱怨道。

"他总是这样招待客人的！"凯丽这样回答。

"那你为何还要对他如此客气呢？"朋友如此问道。

凯丽听到这话，就立即笑了，回答道："我们为什么要让他决定我的行为呢？为何因为别人的坏情绪来破坏自己的好情绪呢？"

是的，我们为何因为别人的不当行为而影响自己的心情或破坏自己的情绪呢？生别人的气，其实是拿别人的错误来惩罚自己。只有懂得掌控自我的人，才能真正地获得快乐和幸福。

其实，每个人的心中都有一把快乐的钥匙，只是很多人保管不好，却常常被别人所掌控。

一位女士抱怨道："我经常不快乐，是因为我的先生不在家！"她其实是把快乐的钥匙交到了先生的手中；一位妈妈说："我的孩子太不听话了，真让人生气！"她把快乐的钥匙交到了孩子手中；男子说："老板经常冷言冷语，同事也总是很冷漠，活得太压抑了。"他是把快乐的钥匙交到了老板和同事的手中；年轻人从商店出来，气愤地说道："那老板态度恶劣，真是把我气炸了。"……生活中，多数的人都在做同一件错误的事情，就是让他人来控制自己的心情。当允许他人来掌控我们的情绪时，便觉得自己是受害者了，对现况便无能为力，抱怨与愤怒成为我们唯一的选择。于是，不断地开始怪罪他人，并且还要向另外一个人传达一个讯息："我这样异常痛苦，都是你造成的，你要为我的痛苦负责！"让痛苦和烦闷迅速蔓延，让你无法自拔。这个时候，你可千万别忘了提醒自己：决定我们内心快乐与否的，是我们自己。一个看得透的人，是能够把握住快乐的钥匙的，他不期待别人使他快乐，反而还会将自己的快乐与幸福带给他人。

3. 勇于做自己，做自己想做的事情

一个人要是不懂得快乐之道，才是真正的失败。

——北大课程理念

人的多数痛苦和烦恼，大都不是源于自己，而是源于别人或外界环境。这样的人太过在意他人的看法而失去了自我。当他人斥责、谩骂或挑剔自己的时候，我们会倍感愤怒、痛苦或焦虑；当他人对其投去羡慕的眼光时，他便因此感到自己是幸福的而倍感满足。有的还会将"别人审视自己的目光"作为自己奋斗的终极目标，于是便不自觉地陷入了物欲设下的圈套。就如同童话里的红舞鞋一般，漂亮、妖艳而充满诱惑，一旦穿上便再也无法脱下来。他们疯狂地在掌声中旋转着迷人的舞步，尽管内心充满了疲惫的厌倦，但是脸上却依然挂着幸福的微笑。当在众人的喝彩声中终于以一个优美的姿势为人生画上句号的时候，才发现一路的风光与掌声，带给自己的只是沉重、厌倦和空虚。

日本一位极为年轻的临终关怀主治医师大津秀一，在多年的行医经验中，亲自听闻并且目睹过上万例患者的临终遗嘱，他说："大多数人一生最遗憾的事情，就是'没有做自己'，比如，没能做自己想做的事情，没有去想去的地方旅行，没有过自己想过的生活，等等。"

其实，真实而精彩的人生，是不会给自己留下遗憾的，他们不会因为任何人的任何话，而改变"自我意愿"和"自我初衷"。

索菲娅·罗兰是意大利著名的影星，她一生共拍过 60 多部影片，演技可谓炉火纯青，但是，观众对她的评价却是褒贬不一的。

索菲娅·罗兰在很小的时候就怀着演员梦，只身来到了罗马。一开始，她的从影之路很不顺利。因为她个子太高，臀部太宽，鼻子太长，嘴太大，下巴太小，根本不像一般的电影演员，更不像一个意大利式的演员。虽然制片商卡洛看中了她，带她去试了许多次镜头，但是摄影师们都抱怨无法把她拍得美艳动人。

于是索菲娅被告知如果真想干这一行，就得把鼻子和臀部"动一动"。然而，自有主见的索菲娅断然拒绝了这样的要求。她说："我为什么非要长得和别人一样呢？我知道，鼻子是脸庞的中心，它赋予脸庞以性格，我就喜欢我的鼻子和脸保持它的原状。至于我的臀部，那是我的一部分，我只想保持我现在的样子。"她坚信，要想登上演艺高峰，绝不是靠外貌，而是要凭借自己内在的气质和精湛的演技。

索菲娅没有因为别人质疑的目光而停下自己奋斗的脚步。最终她成功了，那些有关她"鼻子长，嘴巴大，臀部宽"等等的议论都"自息"了，这些特征反倒成了美女的标准。索菲娅在20世纪行将结束时，被评为这个世纪的"最美丽的女性"之一。

索菲娅·罗兰在她的自传《生活和爱情》中这样写道："自从我从影开始，我就出于自然的本能，知道自己该化什么样的妆，搭什么样的发型和衣服，我谁也不去模仿，从不像奴隶似的跟着时尚走。"

做回自己，做自己想做的事情，才能让自己活得更惬意，更快乐。如果一个人单单为了取悦他人而一味地满足他人的价值观，那只会离真实的自己越来越远，永远过不上自己想过的生活，只有全面而真实地活出自我，才不会盲目和迷失，才不会被他人的目光一层一层缠绕窒息。

好好呵护那个真实的自己吧！永远不要因为他人的一句赞美或

者标准而否定自己的样子，对自己做出改变。大千世界，每个人的喜好都不尽相同，将自己置于他人的标准和目光中，对于短暂的人生而言，确实是一件极为痛苦的事情。

4. 看得透人生的真相

时光流失，一转眼，我已经到了望九之年，活得远远超过了自己的预算。有人说，长寿是福，我看也不尽然。人活得太久，对众生的相，看得透透彻彻，反而鼓舞时少，叹息时多。

——季羡林

人生最大的苦恼，不在于自己拥有的太少，而在于自己向往的太多。只有看得开，才能解脱一切心神的烦恼和妄念，才能获得精神上的真正快乐。如果你的心里是苦的，嘴里含糖也没用。其实，要想让内心活得知足、坦然、快乐，首先要看得透人生的真相。人生真正需要什么？我们追求多余的财富，真的会获得内心的幸福和快乐吗？

好莱坞著名的明星利奥·罗斯顿是个身躯庞大者。他的腰围有1.8 米多，体重达到了约 175 千克。1936 年，在一次演出时，他因为心力衰竭，而被送往汤普森急救中心。抢救人员用了最好的药物，而且还动用了最好的医疗设备，最终，仍旧没能挽回他的生命。

在临终之前，罗斯顿曾经这样说道："你的身躯如此庞大，但是你的生命需要的也仅仅是一颗心脏。"

罗斯顿的这句话，感动了当时所有的人，尤其是当时的医院院长——哈登。他作为胸外科的专家，流下了伤心的眼泪。为了表达对罗斯顿的敬意，同时也为了提醒体重超常的人，他就将罗斯顿的这句话刻在了医院的大楼上面。

1983 年，另一位名人，美国著名的石油大亨默尔因为心力衰竭住了进来。因为两伊战争，使他的公司陷入了危机之中。为了尽快地摆脱困境，他不得不忙碌地来往于欧亚美之间，最后因为旧病复发，才住进医院。

他将汤普森医院的一层楼包了，为了不影响工作，他还架设了五部电话与两部传真机。当时的《泰晤士报》上这样写道：汤普森——美国的石油中心。

默尔的心脏手术很是成功，他在这儿待了一个月便出院了。在医院疗养期间，他真切地体会到自己真正需要的是什么，他觉得自己的一生确实过得太过忙碌和劳累了，已经失去了很多的色彩。出院之后，他没有回美国，便托人卖掉了自己经营的公司，并且在苏格兰乡下的一栋别墅中开始安享晚年。在 1998 年，汤普森医院百年庆典，邀请他参加。记者问默尔为何卖掉自己的公司？他指了指医院大楼上的那一行金字说道："正如利奥·罗斯顿的话一样，其实，富裕和肥胖没什么两样，都不过是获得了超过自己所需要的东西罢了。"

人生真正需要的是什么？是过多的金钱与物质吗？即便你拥有了全世界，无非也是一日三餐，夜寐一床。就算你住多么阔大豪华的房间，无非也就在夜里只睡一张床。就算你每次可以点上一百道菜，你又能吃多少呢？最多能撑饱一个胃，难道不是么？人生就是如此！

其实，富裕和肥胖其实并无区别，都不过是获得了超过自己所需要的东西罢了。这是生命的症结所在，生命需要的是适当的营养，过多了同样也会扼杀它。所以，从现在开始，让我们珍惜生命吧，别为了追求多余的财富和身外之物，而失去了享受当下的生活的乐趣。

5. 付出是快乐之源

做人要有"人味"，也就是要以仁爱之心待人。无论达官贵人还是平民百姓，都要做一个有人情味的人，这个"人味"也是我们人生中不可或缺的宝贵的精神品质。

——季羡林

付出也是一种快乐之源。俗话说，舍得，舍得，有舍才有得。"舍"其实就是一种付出，没有付出，你必将与成功无缘；没有付出，你必将得不到你想要的任何东西，那么，你也是很难做到快乐的。

俗话说：予人玫瑰，手留余香。成人之美，学会付出，你会觉得自己原来也很伟大，这是一种光辉灿烂的人性的体现，同时，也是一种智慧的处事智慧和快乐之道。

一位盲人住在一栋楼里。每天晚上，他都会到楼下的花园中去散步。奇怪的是，无论是上楼还是下楼，他虽然只能顺着墙摸索，却也一定要按亮楼道里的灯。

有一天，一位邻居忍不住好奇地问道："您的眼睛都看不见，为何还要去开灯呢？"盲人回答说："开灯能给别人上下楼带来方便啊，也会给我带来方便。"邻居极为疑惑地问："您的眼睛看不见，开灯能给您带来什么方便呢？"盲人便答道："开灯之后，上下楼的人都会看得很清楚，就不会把我给撞倒了。我不也得到方便了吗？"邻居这才恍然大悟。

一件很平凡细微的小事情，它给人带来的温馨会在盲人和受益人的心底慢慢升腾、弥漫、覆盖。正如尼采所说，当我帮助受苦者的时候，就是洗净了我的双手；同时也是揩净了我的灵魂，就是说，付出不仅可以给你带去阳光和快乐，也能让自己获得平静、幸福和快乐。

其实，人生最大的快乐莫过于付出，懂得付出的人都有一颗慈悲之心，它能够化解人间的一切冰冷，让人生处处充满温暖。付出就像冬天中的一把火，温暖他人的同时也能够温暖自己的心；付出也像甘露一般，在滋润他人的心田的同时也能够将甜味永久地留在自己的心中……所以，我们要获得快乐，就要勇于付出，勇于去帮助他人，这样才能让全世界变得更加美好，才能让自己在美好的世界中享受到真实的幸福和惬意！

6. 生活中的不快乐多数源于不知足

人生有两大快乐，一是没有得到你心爱的东西，于是你可以去追求和创造；一是得到了你心爱的东西，于是你可以去品味和体验。

——周国平

知足常乐，语出《老子·俭欲》："罪莫大于可欲，祸莫大于不知足；咎莫大于欲得。故知足之足，常足。"意思是说：罪恶没有大过放纵自己的欲望的了，祸患也没有大过不满足的了；过失没有大过贪得无厌的了。所以，知道满足的人，便会永远觉得是满足的快乐的。生活中的不快乐，多数源自不知足。总是看不到当下所拥有的，而想着自己所没有的，内心的欲望得不到满足，烦恼和痛苦便自然滋生出来了。

有一位科研人员，除了搞科研外，还兼职一所大学的教授，同时，还利用业余时间去搞演讲。刚开始，他感到很快乐，但是一段时间之后，他感到异常痛苦。

有一天早上，教授向妻子诉苦："我很困惑，为什么我钱赚得多了之后，却感受不到任何快乐和幸福了呢？我每天从早到晚都在忙着给学生备课，忙着做演讲，搞应酬，还接受各种媒体的采访……这些事情使我心情烦躁，搞科研已经成为我生活中的一种沉重的负担，觉得自己太过辛苦了，心也劳累不止！"

妻子转身就打开身后的衣柜，对丈夫说："在这一生之中，我收藏了许多漂亮的衣物，你试着将它们穿在身上，你就会明白了！"

丈夫疑惑地说道："我身上穿着合身的衣服，为何要穿这些不合适的呀！如果我能够将这些衣物都穿在身上，一定会沉重异常，会难受十足的。"

妻子回答："你也明白其中的道理，但是为何要来问我呢？"

丈夫感到莫名其妙，随口就又问道："你所说的话，我有点不大明白，你能说得更为明确一些吗？"

妻子接过话来说道："你身上的衣服已经很合身，倘若让你穿上这些不合身的衣服，你就会感到沉重无比。你只是一个科研人员，为何要去做一个演讲家和交际家，这不是自讨苦吃吗？"

丈夫突然顿悟，说："原来每个人只有做自己应该做的事情，不为内心的欲望所缠绕，才能获得轻松和快乐啊！"

从此之后，丈夫就毅然辞去了不必要的职务，推掉了不必要的应酬，开始潜心搞研究，最终做出了惊人的成就，并且再也没有感到丝毫的疲惫和烦躁，生活也变得轻松和快乐了许多。

由此可见，贪欲之心要不得，否则是给自己找罪受，自己找苦吃！其实，真正的快乐不是拥有的多，而是内心的欲求少。就像一首歌中唱的那样"想想疾病苦，无病即是福；想想饥寒苦，温饱即是福；想想生活苦，达观即是福；想想乱世苦，平安即是福；想想牢狱苦，安分即是福；莫羡人家生活好，还有人家比我差；莫叹自己命运薄，还有他人比我厄……"如果这样，我们就应该对现有的收获倍加珍惜，对目前的成果尽情享受，这样才能让自己获得永恒的快乐。

当然了，我们所说的"知足常乐"并不是一种不思进取的处世态度，用现代经济学的观点来说，"知足常乐"是指在有限资源与无穷欲望之间找出一个平衡点，并努力将这种平衡状态维持下去的生活态度。用现代心理学解释，所谓"知足常乐"，就是尽量使自身的承受能力与需求保持相对平衡稳定的一种状态，它是一种积极的生活态度，是一种智慧的处世方式。

随着现代生活节奏的加快，在各种压力不断增加的今天，聪明的处世方式应该为：相对的知足，绝对的追求。知足常乐，其实就是要求人们对当下生命的肯定，去满足于当下的获得与快乐，心中有了满足感，快乐也就来临了。

7. 别因琐事影响了你的情绪

改造自己，总比禁止别人来得难。

——鲁迅

很多时候，我们总会莫名其妙地为生活中的一系列琐事所累：孩子功课不够好，又贪玩；单位领导莫名其妙地冲你发火，为一件微不足道的小事足足批评了你大半天；下班路上，因为堵车而烦躁不已；时常觉得爱人不够贴心，动不动就会因为小事争吵或闹矛盾；在上班路上，一个人因为嫌你挡了他的道，就冲你骂骂咧咧……面对外界的种种干扰，我们的内心承受着各种各样的压力。如果缺乏情绪的自控能力，便会整天为这些琐事烦躁不安。

美国学者马尔登说，不安和多变是形容现代生活的最贴切的词汇。我们必须要面对不安的生活，使我们的船驶过人生的航道，否则的话，我们便只有退回没有风险的港湾，恢复妄想和苦闷。因为能为我们担保的东西很少，我们只有学习尽力去克服那些危险，才能过上令自己满意的生活。

一位空军飞行员在谈及自己空中翱翔的感受时，曾这样说道："当我从高空上面往下望，看到人如蚂蚁、屋如火柴盒时，才发现一切事物都是那么微不足道。下了飞机后，整个人却变得开朗多了，很多想不通的事情，都已经不那么在乎了，也不再想去计较了，因为人的心境已经完全不同了。"

因此，当你在面对不如意的事情的时候，一定要拉高自己的视野，向下望一下，不觉得那些小事都很好笑吗？想一想，过了一二十年，谁还会再提及这些事情，在乎这些事情呢？

千万不要再上当了，这些小事情只会将我们绑住，不断地耗损我们的心力，以至于无法专注其他更为重要的事情。下次遇到不如意的事情的时候，我们完全可以以旁观者的眼光，去冷静地审视和看待这件小事，超然于这些事情之上。我们如果将精力浪费在这些小事上，就无法顾及生活中更为美好、更伟大的事情。其实，真正眼界高远、顾全大局的人，不会拘泥于这些小事情的。如果你觉得你是做大事的人，一定不要去追究这些细碎的小事情，它只会增加你的苦恼。

一位著名的心理学家做了这样一个实验：他要求一群实验者在周日的晚上，将未来七天所有烦恼的事情都写下来，然后投入一个大型的"烦恼箱"中。

到了第二周的星期日，他在实验者面前打开这个箱子，逐一与他们核对每一项"烦恼"，结果，发现其中有九成并未真正发生过。

紧接着，他又要求大家将那一成的字条重新丢入纸箱子中去，三周之后，再过来寻求解决之道，结果到了那一天，他打开箱子之后，发现剩余的那一成烦恼也已经不再是烦恼了。

世间的事情，不是我们都能够主动掌握的，只要努力就能做好的。有诸多的事情，我们只能尽到本分，仅此而已！正如谓"谋事在人，成事在天"，明白了这一点，我们就不会因为遭遇外界的巨大压力和痛苦而使自己变得郁郁寡欢或者烦躁不安。同时，如果你因为琐事而烦恼，那就扪心自问：几年后，我还会在乎这件事吗？如此去做，你的人生便无烦恼可言了。

8. 快乐不是得到的多，而是计较的少

有一些人往往以为自己最聪明，他们争名于朝，争利于世，锱铢必较，斤两计较。如果用正面手段、表面上的手段达不到目的的话，则也会用些负面的手段、暗藏的手段，来蒙骗别人，以达到损人利己的目的。结果怎样呢？结果是：有的人真能暂时"春风得意马蹄疾，一日看遍长安花"。大大地辉煌了一阵，然后被人识破，由座上客一变而为阶下囚。有的人当时就能丢人现眼。

——季羡林

生活中的不快乐，不是我们所拥有的太少，而是我们计较的太多：我们看到别人过得比我们幸福，就会产生失落感和压抑感；同事主动帮助我们，就自认为对方是想分享我们的功劳；公司让加班，我们总认为老板在欺诈我们，心生怨恨；被朋友误解，我们会抱怨

朋友太过斤斤计较……为此，我们的心灵总沾上了过多的烦恼和痛苦，不得解脱。

其实，很多时候，我们只需要收敛起自己的锋芒，做到糊涂处世、宽容忍让，便可以获得解脱。

在某城市一个菜市，有位老妇人开了一个店卖蔬菜。因为她的菜十分新鲜而且价钱又公道，所以她的生意特别好。这就让其他摊位的小贩十分不满。大家经常在扫地的时候，有意无意地把垃圾扫到她的店门口。但是，这个老妇人十分大度，并没有计较什么，反而每一次都将垃圾扫到角落里堆起来，然后把店门口清扫得干干净净。

老妇人的旁边有一个卖菜的小伙子观察了她很多天，终于忍不住了，问她说："大妈，那些人都把垃圾扫到你的门口，你为什么不生气呢？"妇人笑着说："我怎么会与众人计较这件事情呢，他们是在帮我。因为在我们老家有个习俗，在过年的时候，大家都会把垃圾往家里面扫。因为垃圾就代表财富，垃圾越多就代表你来年会赚更多的钱。现在每天都会有人把垃圾送到我这里来，我感激还来不及呢！我的生意好，可能就是因为这些垃圾给我带来的财运吧！"

旁边的小伙子听了这番话，便将这些话传到了其他商贩的耳朵中。从此之后，再也没有垃圾出现在妇人的门口。

妇人将诅咒化为祝福的智慧令人赞叹，同时也表现了她的宽容大度和与人为善的高尚品德。她不与他人计较，宽恕了别人，同时也为自己创造了一个极好的环境，和气生财就是这个道理，所以她的生意才会越做越好。倘若她采取消极的方式去对待，必将生出诸多的麻烦来，针锋相对的后果只会让事情变得更为糟糕。所以说，大度为人，少一些计较，会让事情变得好起来，也会让人与人之间的关系更为融洽。

为此，生活中无论遇到任何事，都不要过于去计较，无论事态如何演变，都要平静对待，并努力做到以下几点，就可以让自己获得幸福和快乐。

1. 遇事不虑：就是说，无论遇到顺或不顺心的事情，都不要过于计较，努力用行动去得到该得到的，以平常心去看待得与失，淡然生活，必然潇洒自在。

2. 逆境不焦虑：人生不如意十有八九，正所谓"月无日日圆，人无日日顺"。在我们遇到逆境的时候，一定要看清楚忧虑的根源，并学着去放下忧虑，努力忘记忧虑，不随烦恼而起舞，泰然处之，不为杂念所困，不为顺境所动，忘掉对手，忘掉胜负，如此才能活出真自我，品出人生的真滋味来。

3. 不执着，不苛求：即为对凡事无须过于去执着。要知道，心中有所执着，就会有所期待，当期待落空的时候，就会感到失望至极，甚至还会烦躁不安，内心就无法平衡和平静，如果你能够施恩于人，无求回报，不执于心，心中无施者，便能获得心灵的清净和安宁。

4. 老死不惧：要知道，自然万物，生死仅是自然常理，我们难免会生病、衰老和死亡，为此，如果我们能够无所惧怕，意不颠倒，安然自在，拥有"死是生的开始，生是死的准备；生也未尝生，死也未尝死"的观念，便能获得来去无念的自由和惬意！

"人若无求，心自无事；心若无求，人自平安。"只要我们内心时刻都能保持"无求、无舍、无骄、无执着"的平和之心，就会少去计较，也便会活得无比快乐和幸福。

9. 别让仇恨浸染了心灵

如果你是对的，世界就是对的。

——北大课程理念

生活中，无论遭受多大的打击或侮辱，都不要让仇恨浸染了我们的心理。仇恨会扭曲我们的心灵、毁坏我们的容颜。仇恨也是一张无形的大网，它会将我们囚禁在烦恼的暗室中并将诸多的快乐拒之心灵的门外；仇恨是一片懦弱的树叶，它会遮住我们的双眼，让我们无法看到和感受到世界的美好，并让我们迷失生命的方向；仇恨是一团低沉的乌云，它会让我们的心灵缺乏阳光的照耀，这团乌云的阴霾会扭曲人的本性，会让我们丧失固有的善良、同情和友爱。

同时，仇恨又是一摊泥泞的沼泽，它会让我们的生活一直在烦恼中纠缠不休。生活中，你如果没有及时阻止仇恨的蔓延，我们最终将会被仇恨淹没。可以说，仇恨是一把锋利的双刃剑，会让我们在刺伤他人的同时也让自己伤得体无完肤。

19 世纪，美国有一位著名的建筑大王叫凯迪，还有一位有"飞机大王"之称的克拉奇，两个人是很要好的朋友。

刚好凯迪有一个女儿，而克拉奇有一个儿子，因为两家的关系很紧密，所以，两人就打算撮合他们的儿女成婚。但是，这两个年轻人走到一起后，关系进行得并不顺利，吵架打闹是经常的事情。因为两家都是名流巨富，儿女们的这种关系，让凯迪和克拉奇大伤脑筋。

但是，令所有人没想到的是，事态变得严重起来了。凯迪的女儿竟然被人毒害，而据警方详细调查后，杀人凶手正是克拉奇的儿子。为此，克拉奇的儿子也被关进大牢中，两家人的身心因此也受到沉重的打击。

从此以后，两家的关系就变得极为紧张，他们的生活也变得暗无天日。令凯迪一家较为恼火的是，克拉奇的儿子在事实面前却从来不承认是自己杀害了凯迪的女儿，而克拉奇也极力地为儿子的罪行拼命奔走上诉。如此一来，两家便结下了深仇大恨，两家人也开始进行明争暗斗的较量，双方也都损失惨重。

一年以后，法院做出终审，克拉奇的儿子也因谋杀罪而被判终身监禁。克拉奇为了不让自己的儿子一辈子都待在监狱中，为了消除儿子的罪行，又千方百计，拐弯抹角地不惜重金为凯迪一家做经济补偿，以求得凯迪能到监狱去为儿子说情。克拉奇每一次的经济补偿都是巧妙地出现在生意场上，这也使凯迪不得不被动接受。

但是，每当凯迪拿到克拉奇家族的一笔补偿金的时候，就像是接过一把刀刺自己的心那样悲痛难忍。凯迪也不停地埋怨自己当初怎么就看错了人。而克拉奇的全家也是天天都生活在自责之中，他们怨恨自己怎么没能教育好自己的儿子，埋怨自己不该为了自己的利益而撮合儿子的婚事。

两家都是美国企业界中的上层人物，没想到生活却会如此捉弄他们，让他们的内心得不到安生。就这样一年又一年过去了，两家人的心情总是被巨大的阴影所笼罩，凯迪与克拉奇从来没有真正笑过。他们承认，他们为此所付出的心理代价是用任何金钱也换不回来的。

然而，就在他们苦苦承受了20多年的痛苦后，最终的事实却证明，凯迪女儿的死，并不涉及善恶情仇。事情在当时的美国社会引起了巨大的轰动，面对媒体的采访，凯迪与克拉奇都说了同样的话："20多年来，我们所受的心灵上的折磨是我们永远支付不起的！"

20多年，是多少个黑发变成白发的日日夜夜啊！这是用任何财

富都支付不起的。如果两家都能及时放开仇恨，那么便不会受如此
多的折磨和煎熬了。

如果你心中种下了仇恨的种子，并且用昨天的土壤来培育当下
仇恨的种子，而一旦这颗种子长大的时候，它会毁了当下的美好，
甚至还会毁了你的一生。

要知道，过去的已经无法挽回，你再痛苦，再纠结也无济于事。
只有及时舍弃，用宽容去化解仇恨，才能对得起当下的时光，才能
迎接生命如夏花般灿烂的明天。

世上没有天生的仇人，只不过都是因为一些生活中的矛盾或者
摩擦而不能释然罢了。其实，你完全可以大度地舍弃这些，不值得
你再用剩余的生命去支付这些过往的痛苦。否则，折磨和痛苦会伴
随你一辈子，将自己永远囚禁其中，永远得不到解脱。对于与他人
之间的过节，你完全可以借一次约会、一个电话来以心换心，多些
理解和忍让，少些计较，化解仇恨，放过别人，也等于放过自己。

10. 不苛求别人，也是放过自己

人与人之间，部落与部落之间，种族与种族之间，国家与国家
之间，为什么会仇恨？因为利益争夺，观念的差异，隔膜，误会等
等。一句话，因为狭隘。

——北大课程引用名言

作家徐璐说："不要苛求别人，更不要刻薄自己，这样快乐会很
容易。"其实，生活中的诸多不快乐，也源于对他人太过苛求。心理
学家指出，无休止的抱怨或者向他人施加压力等行为，都是对一个
人的精神施暴。这样的人，是很难被人接纳和受人欢迎的。

121

生活中，我们经常能听到类似的抱怨：

"你看人家小丽的老公，多能干啊，和你同岁，如今人家都是一家公司的经理了，住着地段好的大房子，开着名车，花钱又阔绰，再看看你，工作了这么多年，还是小职员一个，什么时候能赶上人家呀！"

"真是气死我了，你怎么这么没用，每次考试都比邻居小涛低好多分，你也给我争口气啊，给我考个好成绩回来。不然的话，我的老脸都让你丢尽了。"

……

生活中类似的抱怨不胜枚举。我们总是习惯于苛求别人，而忽略了对方的感受，忘记了反省自己的过错，这样的人如何给别人带去快乐呢？无法让别人快乐，那么，你自己也很难获得快乐！

丈夫张泉在一家外贸公司上班，妻子刘庭每天在家里照顾生病的老人和孩子。

周五的晚上，张泉下班后刚刚回到家中，刘庭就一脸冰霜地对他抱怨道："张泉，你怎么回来得这么晚啊！刚才房东又过来收房租了，这个月的工资发下来了吗？"

"还没有，经理说这个月资金短缺，得晚几天……"张泉的话还未说完，刘庭就大声嚷嚷道："还要等几天啊，你一个大男人，一个月也就赚那么点工资，每个月还拖，你看人家小叶的老公，赚着上万的薪水……"

"又来了，他有本事，你去找他啊！我一天到晚那么辛苦，回到家一下班就冷锅冷灶的，也吃不上一口热饭，哪里有心思干活呀！猴年马月才能当上经理呢，都是你给拖累的。"张泉也很生气，与刘庭争辩道。

"我哪天没做饭？不就今天没做吗？我是你的保姆吗，天天做饭，累得腰酸背疼，你以为在家就享清福了吗？今天我还真就不做了，你自己看着办吧！"

刘庭更加来气了，有板有眼地与丈夫张泉大吵大叫。

"你累？我天天过得轻松吗？你知不知道现在经济危机越来越严重，公司又裁员了，我压力有多大，你知道吗？"张泉越说越气，到最后怒不可遏，随手把手里的公文包砸到了刘庭的身上。

张庭再没有力气和丈夫争辩了，独自回屋抹眼泪去了。

"这种日子实在没法过了！"张泉甩门而去，独自喝闷酒去了。

生活中的多数矛盾，无不是太过苛求别人造成的。所以，不要太苛求别人。既然无法苛求别人，那就学会改变自己吧，改变自己的心态，改变自己的境遇，学会对朋友、家人等周围的人好一些，那么，也等于善待自己，最终收获的便是快乐和幸福。

11. 学会感恩，你将会是幸运的一员

在一切感恩中，为生命感恩是最根本的感恩。在这种大感恩的照耀下，生命的总色调是明亮的，使我们能够超越具体的得失恩怨，在任何遭遇中保持感恩之心。

——周国平

我们每个人都是生活在幸福和快乐之中的，我们之所以会产生这样或那样的抱怨，是因为我们内心被太多的私欲所占有，不懂得以感恩的心态面对一切。如果你能敞开心扉，用心去体会周围的世界，就会发现，需要我们感恩的事情确实太多了：如果没有阳光雨露，就没有多姿多彩、明媚亮丽的日子；没有水源，就不会有生命；没有春夏秋冬的轮回，我们就无法体会到生命的生生不息；没有父

母，也就不会有我们；没有亲情和爱情，世界也只会充满孤寂和凄凉。这些东西都给予了我们无尽的福祉，我们要时时去用心体会自己所拥有的这一切，并常常去感恩。

在1991年11月的一天，32岁的NBA名将"魔术师"约翰逊正式向公众宣布退役，因为他不幸地感染上了艾滋病病毒。二十几年过去了，约翰逊依然在积极地生活着，并努力与病魔抗争着。

在这期间，约翰逊一直接受着鸡尾酒疗法，将自己的病情控制在极为稳定的范围之内。作为三个孩子的父亲和丈夫，他在家人的陪同与支持下，全身心地投入到工作之中。他管理着一个规模不小的商业王国，其资产比退役的时候增加了近20亿美元。在2001年，他成立了魔术师约翰逊公司，拿下了洛杉矶城市中一个无人接手的地皮，并且建造了魔术师约翰逊大剧院。又说服了很多商家入驻，一个崭新的商业中心形成了。在2006年，他又大胆地收购了一家极为著名的连锁餐厅，可谓身价不菲！

除了经商之外，他把所有的时间都投入到篮球和公益活动之中。他曾经担任一家电视台的NBA嘉宾及主持。还经常参加以篮球为主题的公益活动……这所有的一切，固然没法让他脱离艾滋病病魔的折磨，但是约翰逊却说道："我从来没有把自己当病人，我为自己所存在的每一天而庆幸。每一天都活着，每一天对我来说都是纪念日。我活着，也是为了告诉那些患有艾滋病的人，一定要自强不息，要积极地面对生命中的每一天。"

疾病和灾难都是无法预料的，生命的流逝也是无可挽回的，我们应该像约翰逊一样，怀着感恩的心去珍惜每一天的生活。其实，多数人都是幸运的。如果你早上醒来后发现自己还顺畅地呼吸着，那么，你应该心存感激，应该庆幸，因为一个星期离开人世的人就有100万人，你比他们都有福气。

如果你从来没有经历过战争危险、被囚禁的孤独、受折磨的痛苦与忍饥挨饿的难受……那么，你已经比世界上的 5 亿人幸运了。

如果你的家中有果腹的食物，身上有足够的衣服，有栖身的房屋，那么，你已经比世界上 70％的人幸运和富足了。

根据联合国的调查报告显示，如果你的银行账户有存款，钱包中有现金，那么，你已经位居世界上最富有的 8％之列！

如果你的双亲仍旧健在，并且没有离婚，那你已经属于稀少的一群人了。

如果你能够抬起头，脸上仍旧能带着笑容，并且内心时刻充满感恩的心情，那么，你是真的很幸运了，因为世界上大部分人都可以这么做，但是他们却没有。

看到这里，你的脸上是否也露出了幸福的微笑呢？无论在任何时候，我们都要怀着一颗感恩的心，因为我们现在正在毫无残缺地活着。

12. 懂得惜福：幸福是"珍惜"来的

朋友，别老是抱怨生活的枯燥无味，别老是一味地牢骚满腹，也许就在此时此刻，快乐正悄悄从你身边溜走。

——北大课堂引用名言

要获得心灵的快乐，也要学会惜福。懂得惜福的人明白幸福是来之不易的，又是十分短暂的，所以他们会格外地珍惜当下所拥有的一切。其实，真正的"幸福"是珍惜来的，不是比较来的。只有懂得惜福的人，才能以包容的心态去面对周围的人与事，才能真切地感受到生活中的幸福和快乐，才能活得更加洒脱与轻松。

传说中有一个人，生前极度热心助人和善良，所以在他死后，就升上天堂成为了天使。当他成为天使以后，仍然会时常到凡间去帮助人，希望能够感受到幸福和快乐的味道。

有一天，天使遇到一个在田中耕田的农夫，农夫在田中耕地很是辛劳，当他举头看到天使，便对他说："我家的那头水牛刚刚死去了，没有了它，我不知道以后该如何下田作业。"于是天使就赐给他一头健壮的水牛，农夫极为高兴，天使最终也在他身上感受到了幸福和快乐。

又过了一天，天使又遇见了一位青年男子，男子的表情也十分沮丧，便对天使说："我的钱在做生意的过程中，被人骗光了，现在根本没法回乡了。"于是天使就给了他一些银两做路费，男子十分高兴，天使也同样地在他身上感受到了快乐。

随后，天使又遇到了一位年轻的诗人，诗人英俊、潇洒，而且还有一位温柔的妻子，两个可爱的儿子，但是他每天却愁眉不展，过得十分不快乐。

天使就问他："你看起来十分不快乐，我能够帮助你吗？"

诗人对天使说道："我什么都有，但是只欠一件东西，你能够满足我的愿望吗？"

天使回答说："可以，你缺少什么呢？"

诗人内心充满希望地看着天使说："我缺少的是快乐！我的儿子太调皮很不听话，天天把我闹得心神不宁；我的妻子尽管温柔，但是她长得丑陋，而且我们没有共同的话题，每天也说不上几句话；我的邻居们天天更是烦人，有事没事都来家里拜访，打扰到了我的生活……我讨厌我周围人的任何举动，所以我感到不快乐！"

这下可把天使难倒了，天使想了想，说："我明白了。"然后天使就将诗人周围所有的人的性命都拿走了，只剩诗人孤零零地一个人生活在人间。

一个月后，天使又回到诗人的身边，他那时顿觉凄凉，没有了儿子的欢闹，妻子对他的体贴，邻居时常对他的鼓励……他觉得自己活在世界上已经没有任何意义了。正准备要死去的地候，天使又出现了，将他的儿子、妻子和邻居又还给了他。然后，就离去了。

半个月后，天使再去看望诗人，这次，诗人抱着儿子，搂着妻子，不停地向天使道谢，因为他现在得到真正的快乐了。

其实，我们每个人都是快乐和幸福的，只不过，我们的幸福通常在别人的眼中。就像上述故事中的诗人，原本有贤惠的妻子，可爱的孩子，但是因为不懂得珍惜，以至于失去后，才懂得自己所拥有的是多么幸福。生活中的我们何尝又不是如此！

海伦·凯勒说，生活中，很多时候我们在哭泣自己没有鞋子穿的时候，抬头一看，发现周边有人没有脚。你所拥有的，可能正是别人所羡慕的。虽然没有大房子住，可是我们不用像乞丐一样露宿在外；虽然没有太多的财富，但我们却不会像非洲难民一样需要别人的救助才能充饥；没有美丽的身形，但我们却拥有健康的身体……只要你懂得珍惜，生活中处处有福气。

13. 别希望每个人都喜欢你

好多年来，我曾有过一个"良好"的愿望：我对每个人都好，也希望每个人都对我好。只望有誉，不能有毁。最近我恍然大悟，那是根本不可能的。

——季羡林

每个人都渴望得到他人的赞美和肯定，于是，我们经常会用别人的眼光或者看法去左右自己的思想和行为，渴望得到每个人的满意、赞扬和肯定，可是，这样做无疑给自己套上了一个紧箍咒，让自己永远无法获得快乐。

从前，有一位画家，他毕生的理想，便是要创作出一幅人人都喜欢的画。

经过几年的辛苦工作，他果然完成了一幅他自认为最令自己满意的画。于是，他就将画拿到市场上去，并在画旁边放了一支笔，并附上一则说明：亲爱的朋友，如果你认为这幅画哪里有欠佳之笔，请赐教，并在画中做上标记。

晚上，画家取回画时，发现整个画面都涂满了记号，没有一笔一画不被别人指责的。画家心中十分不快，对这次尝试倍感失望。

画家决定换一种方式再去试试，于是他又摹了一张同样的画拿到市场上展出。可这一次，他要求每位观赏者将其最为欣赏的妙笔都标上记号。结果是，一切曾被指责的笔画，如今都换上了赞美的标记。

最后，画家不无感慨地说："我现在终于明白了，无论自己做什么，只要一部分人满意就足够了。因为，在有些人看来是丑的东西，在另一些人的眼里则恰恰是美好的。"

这个故事说明了这样一个道理：不同的人站在不同的立场，会有不同的看法。无论你怎样做，你都不可能做到让所有的人都满意。所以，做事要有主见，如果自己认为是正确的，就要坚持下去，不要被别人的意见所左右；如果你想让人人都对你满意，结果就是人人都对你不满意。所以，我们无须苛求自己处处做到完美无缺，只要你尽力了就好。

生活中，多数人都很是在乎他人对自己的评价，为了能让别人眼中的自己变得更为"完美"一些，可谓费尽心机；小心翼翼地关注他人的眼光，猜测他人的想法，猜测别人的评判，并小心翼翼地行事，唯恐受到他人的指责和挑剔。但是，要知道，你如此小心，还是会有人对你产生不满，所以，我们无须为此而劳心劳力、伤神，活在别人的眼光中，只会让自己身心疲惫。

每个人都渴望拥有和谐的人际关系，受到周围所有朋友的喜欢，都希望自己能够在交际场上如鱼得水，但是我们怎么做都不可能让所有的人满意，不可能让每个人都展露笑容。通常的情况是，你以为自己照顾到了每一个人的感受，可还是有人对你不满，甚至根本不领情。每个人的利益是不一致的，每个人的立场，每个人的主观感受是不同的，所以我们想面面俱到，不得罪任何人，又想讨好每一个人，那是绝对不可能的！所以，我们就不要再枉费心机了，做好自己，依照自己的意愿，顺其自然行事，你便能获得快乐和幸福了。

14. 不完满才是真实的人生

每个人都争取一个完满的人生。然而，自古及今，海内海外，一个百分之百完满的人生是没有的。所以我说，不完满才是人生。

——季羡林

弘一法师说："物忌全胜，事忌全美，人忌全盛。"他其实是告诉我们，任何事情切忌追求完美、圆满，否则，劳心劳力也只能是无功而返。其实，这个世界本身就是有缺憾的，正因为有这样或者那样的缺憾，才呈现出五彩缤纷的色彩来。人生亦是如此，正是因为有了这样或那样的遗憾和不完美，才会韵味十足，让人回味无穷，才呈现出多姿多彩的美来。可以说，不完满才是人生。

史密斯夫妇年岁已高却还没有属于自己的孩子，幸运的是，几年之后，他们果然有了自己的孩子，名字叫查尔斯。

史密斯夫妇把查尔斯看成他们的宝贝，就想方设法去教导他，就连他走路的方式都会清清楚楚地告诉他："我的宝贝，走路时一定要看着脚下的路啊，以防滑倒！"为此，查尔斯从小就是在父母的呵护和叮嘱中长大的。查尔斯自己也很乖巧，只要走路，都会盯着脚下的路。

有一次，史密斯夫妇一家很高兴地到郊外去郊游，史密斯就开始不停地教导儿子说："你现在是走在山路上，一定要看紧脚下的路啊，否则，你可能会不小心摔到山谷中，知道吗？"

查尔斯睁着一双大眼睛，听话地点了点头，说："我会的，爸爸，你放心吧！"

慢慢地，查尔斯也长大了。有一天，他就准备到海边去游玩，妈妈连声叮嘱他说道："儿子啊，你走到沙滩上面，一定要小心啊，双眼一定要盯着脚下才行，因为海浪随时会出现，以防它将你卷入海中。"

不幸的是，史密斯夫妇在查尔斯很小的时候就离开了人世，可怜的查尔斯因为从小听从了父母的教导，总是低着头，盯着脚下走路，继续自己的生活。

查尔斯认真地执行父母的叮嘱，在地板上面，在山间，在海滩上面，他眼睛都会直盯盯地看着脚下的路，从来不注意自己周围美丽的风景。他从来不知道流水声是从哪里来的，从来不知道潮声是从哪里来的，因为他无论走到哪里，都是"低着头"，从来不知道周围和眼前是一种什么样的情景。

查尔斯就这样，从来没有跌倒过一次，更没有因为滑倒而碰伤过，一生几乎都毫发无损地"低着头"，走完了自己的一生。就是在他死的时候，他还不知道，原来头上的天是蓝的，远方的海是蓝的，天上不仅有美丽的云彩，而且还有迷人的星星……以及一切与生命有关的美好的事物。

史密斯夫妇因为过于追求完满，想为儿子铺一条坦途，最终却让查尔斯度过了不完满的人生。他们的经历告诉我们：十全十美的人生不是幸运，而是灾难。真正的幸运从不完满中来，高超的本领是要在艰苦磨炼中来的，成功的事业是从辛苦打拼中来的，真正的幸福是在艰难困苦的奋斗中来的，而激励人们不辞劳苦、不懈努力的动力是缺憾和不足。

所以，当你对自己的状况感到不满时，就要告诉自己，这是人生的常态，在追求改进的同时，不妨开开心心接受种种不足。

其实，生活中的很多的事情都是如此：只有品味到分离的相思之苦，才能够领略到相聚以后的幸福的甜蜜；只有经历过被出卖的遗憾，才能体会到忠诚的可贵；只有品尝过失败的痛苦滋味，才能体会到成功的喜悦；只有遭遇过病魔的折磨，才能体会到健康对一个人的重要。在纷纷扰扰的世间，能够拥有幸福甜蜜，能够体会到忠诚……可以说，有所欠缺，才是真正完整的人；有所欠缺，才是真正完整的生活。我们或许应该追求更完美的人生、更高品质的生活，但是在追求的同时，还要认识到，不完满才是生活的常态，切勿因为些许不足而忽略了生活当中值得体验、享受的部分。心满意足的感觉是短暂的，而带着几分缺憾生活，人生也许才会更加精彩。

15. 不与他人在口舌上争输赢

> 避免争辩，争辩是百分之九十的情绪，加上百分之十的无聊。
>
> ——北大课程引用名言

在社交场合中，我们经常会因为一些小问题而与他人发生争论，结果，越争情绪越不好，最终伤了和气是小事，还有可能会失去一个朋友。其实，你可以这样想：如果你因为一件小事与他人发生争执，你就让对方赢，他又能赢到什么？所谓的输，你又能输掉什么？这个所谓的输与赢，只是文字上面的罢了，我们大部分的生命都浪费在语言的纠葛之中。其实，为了一点小事与他人较真儿、争执，在很多时候，并没有多大意义，反而会让我们失去本该好好珍惜的感情！

王翔是某著名大学中文系的才子，不仅能诗善文，而且也很有口才。这样的人，周围应该有很多朋友才是，但是事实却相反，主要是因为他是个爱较真儿的人。

有一次，王翔与几位朋友一同去参加一位朋友的婚礼，在如此喜庆的场合，王翔却因为太过较真，把场面搞得很是尴尬。

席间司仪说："在座的朋友都知道，新郎、新娘是名副其实的'青梅竹马'，在这里我给大家解释一下这个成语的来历：相传宋代的时候有个著名的女词人李清照，她与她的丈夫赵明诚自小相爱……"司仪的解释显然是错误的，但是在场的人出于礼貌，谁也没去说破。但是王翔却忍不住了，就大声在台下说道："你说错了，这个成语是李白写的……"顿时，那个司仪脸上红一阵白一阵，但是对方又是个嘴硬的人，接着说："这位先生，您说是李白写的，有什么证据吗？"

王翔得意地说："当然有了，这个成语出自李白的《长干行》……"这样一来，让那个司仪面子尽失，场面顿时也冷清了许多。这时候新郎很不高兴地将他叫到一边说："人家是来帮忙的，你跟人家较什么劲呀！这是结婚啊！又不是学术辩论会。平时大家都不愿意与你交往，就是这个原因……"

在婚庆场合，对于司仪犯的错误，根本无须去计较，但是，王翔却因为太过较真儿，非要与对方争个明白，不仅将场面搞得极为尴尬，而且还成为众矢之的。

《菜根谭》的原文有几句话："涉世浅，点染亦浅，历事深，机械亦深，故君子与其练达，不若朴鲁，与其曲谨，不若疏狂。"而这里的"涉世浅"，主要指那些刚刚毕业的年轻人，入世很浅；"历事深"主要是人生经历的事情太多，机械亦深。当然了，这里所说的机械主要是指那些经常计较的妄想，这样的人烦恼和痛苦自然会很多。所以，他下面所说："故君子与其练达，不若朴鲁，与其曲谨，不若疏狂"，就是我们通常所说，做人过于通达的话，反而不如在有些地方糊涂马虎一些的好。其实，这主要是告诉世人，凡事不能太过计较、算计，太过算计、计较的人，会太过固执，做事太过死板，很容易走进人生的"黑洞"中不能自拔。为此，对很多事情，我们一定要放弃计较，该糊涂时且糊涂，一笑置之就好，这样才能让自己的人生更为轻松和快乐！

第 6 章

心的和度修炼课

1. 随遇而安，充分享受人生

　　一个人要获得实在的幸福，就必须既不太聪明，也不太傻。许多人在物质上太聪明、太精明，这样的人看似已经把人生看透了，但事实上却没有发现生活中最美好的东西。有的人则在精神上太傻了，这样的人同样找不到幸福。

——周国平

　　平淡无味的生活，幸福和快乐是无处不在的。无论是狂风暴雨，还是艳阳高照，都可以成为人生最美妙的景致，都值得我们悉心去欣赏，去品味。可是，如果你总是害怕被艳阳晒黑，被大雨淋湿，带着消极的心态去应对一切困难，那么，自然很难享受到生活真正的乐趣。一位哲人说，生活的最大乐趣，就在于能够经历一些失败、痛苦与成功的喜悦，这才是生命原本的意义，也是我们活着的最大乐趣和重要目的。当然了，想要充分享受人生中的每一分每一秒，就要学会"随遇而安"，这里的"随"并非跟随，是顺其自然、不怨怼、不过度、不强求；"随"并非随便，是把握机遇，不悲观、不刻板、不慌乱、不忘形。随遇而安指的是能够顺应周围环境的各种变化，在任何境遇中都能够满足的一种人生境界。

有一天，特洛伊从十分偏远的乡村搭一辆破旧的吉普车回家。车到途中，忽然抛锚。那里正值夏季，午后的天气闷热难当。

汽车在烈日炎炎的公路上停滞不前，着实让人很是着急。然而，特洛伊一看到当时的情境，就知道自己再着急也没有用，他无论如何都要慢慢地等到车子修好才可以继续前行。

于是，他就下车来向司机询问实情，才知道，车子因为太过破旧，至少要用三四个小时才能够修好。于是，无奈之下，他就独自步行到附近的一条河边去游泳去了。

河边异常清静凉爽，风景宜人。在河中畅游之后，特洛伊感到浑身的暑气全消。等他愉快地游泳回来之后，车子已经完全修好了。于是，他就搭上车趁着黄昏的晚风，直向城中驶去。

之后，他逢人便说："那是平生最为愉快的一次旅行！"

随遇而安的妙处由此可见一斑。如果换成别人，在那样的情况之下，可能为顶着烈日，一边抱怨，一边着急，而那个车子也不会提早一分钟修好，那次出行还会变成一次最为痛苦、最为烦恼的旅行。

漫漫人生之路，环境和遭遇总会有不尽人意的地方，要想过得快乐，就要尝试着去改变自己的心境，树立乐观的心态，那比拥有百万家产还有福气。正如一位哲人所说，与其抱怨环境，徒增苦恼，不如去主动适应环境，抓住有利的条件，尽自己的力量与智慧去发掘隐藏在生活中的乐趣。也正如舒伯特所说，只有那些能安详并且能忍受命运之否泰者，才能够充分地享受到人生的真正快乐。

当我们正处于无可改变的环境中时，只有勇敢地面对，识别掩藏在你身边的幸福，并且从容地去发现崭新的道路，才能好好地拥抱此刻，享受到每一分每一秒的快乐与宁静。

2. 遇事不钻牛角尖

成功之道，唯有勇于创新，不断变通才能够赢！

——北大课堂引用名言

要保持平和的心态或情绪，就要懂得变通，遇事不钻牛角尖。学会变通，就是在不逃避糟糕境遇的情况下，改变自己的思路或思维，换个角度去看问题，换个方向去看问题，这是获得快乐和成功的秘诀。

遇事钻牛角尖的人，不仅不会变通，还会拿着"放大镜"把事态放大。他们遇到糟糕的事情就会习惯性地越想越糟，甚至潜意识中不知不自觉就想到了不好的结果。事态的放大只会让已经糟糕的情绪演变成一个巨大的"顽石"堵住了人们的心口，堵塞住人们大脑中的思维。其内心也会变得越来越狭小，小到只能钻到牛角尖里去。

萧伯纳说："明智的人使自己适应世界，而不明智的人只会坚持要世界适应自己。"其实，我们心里清楚，世界不会为谁改变，而且常常在我们无法预知的情形下千变万化着。因此，我们只能去改变自己以适应世界，同时也要不断变化着自己的思维去寻求多种方式去应对突发的事情。

一只苍蝇从敞开的窗子飞进了一幢漂亮的房子中，一圈又一圈不停地飞舞着。它不断"嗡嗡"的叫声吵醒了正在熟睡中的主人。主人的目光顿时随着这只苍蝇运动的曲线而飘移。几分钟之后，苍蝇的舞姿越来越凌乱了，显然它是迷路了。

迷失方向的苍蝇开始不停地在屋子上空焦急地寻找出路，有好几次就差点儿要飞出窗子了。但是它总是拼命地使自己往高处飞，最终撞在窗子上空的天花板上，它使尽全力就是为了能让自己飞得更高、更远一些。但是它哪里知道，只要飞得再低一点，就会飞到窗子外面的世界。最终，这只苍蝇因为在高空盘旋而不肯变通耗尽了全力，奄奄一息地落在地板上面。

现实生活中，有很多人都会如这只苍蝇一般，不懂得变通，把自己搞得身心疲惫，还错失了光明的前程。

俗话说："变则通，通则久。"很多时候，只要我们学会变通，许多坏事会变成好事，坏心情就会变成好心情。

遇事不钻牛角尖，学会随机应变，学会灵活变通，是一种智慧，是一门人生学问，是让情绪变好的良方，是"排毒养心"的妙药。如果你平时喜欢钻牛角尖，不妨试着改变一下自己的坏的思维和心态，肯定会让自己拥有一片艳阳天。

3. 霉运顶头便是转机

遇到有点不愉快的事情发生，你转念一想，把心态调正，就会有意想不到的收获。

——北大课程理念

要保持平和的心态，就要学会用幽默的心情看待人生，这是我们现代人应该有的生活态度。遇到倒霉的事情，如果能够放松心情，以积极的心态迎接，便能在霉运当头时，迎来新的转机。

生活中的事情就是如此，任何事情都不会停留在不如意之中的，与其悲观失望，不如乐观面对。给自己一些积极的心理暗示，这样就能够让自己充满自信地去改变事情，也能够迎来新的转机。

　　一位芭蕾舞演员因为长期艰苦的训练而使脚变形了，大家都为她感到惋惜，因为她如此曼妙的身材却有一双如此沧桑、丑陋的脚。而她却笑着说："一穿上这双舞鞋，我便根本无法停下来！这双脚越丑陋，就代表我离成功不远了！"最终，她凭借自己的毅力成了世界上顶级的芭蕾舞演员。

　　这位芭蕾舞演员正是因为拥有了积极的心态，最终才让自己步入了成功的殿堂。由此可见，积极的心态确实能够改变人的不幸的际遇。

　　在生活中，许多人经常会这样说："如果再将我置于当时的境遇中，我肯定不会那么悲观、失望了，我肯定会以乐观的情绪面对！"但是，要知道生活永远不会给我们第二次选择的机会，我们可以转身去看，却永远回不去。如若体会到这一点，就以积极的心态面对当前遇到的麻烦吧，它就像我们过去所遭受的不幸一样，终究会出现转机的。

　　在美国著名的社会学大师拿破仑·希尔还是一个小孩子的时候，发生了这样一件事。有一次，他与邻居的几个小朋友一起在密苏里州西北部一间荒废的老木屋的阁楼上玩耍，由于太过兴奋，一不小心，他就从高高的阁楼上滑了下去。手指上因为偷戴着妈妈的一枚戒指，在滑落的过程中刚好勾住了一根钉子，一股强大的力量就将他的整个手指都脱了下来。他尖声地叫道，鲜血直流，所有的孩子都吓坏了，拿破仑·希尔也以为自己死定了。然而，他活了下来，但是却失去了一根手指。

　　他是一个极为乐观的人，经过长时间的治疗，他的手好了之后，就再也没有为此而烦恼过。因为烦恼是没有什么用的。他就接受了这个不可逆转的事实。他根本就没有为此自卑过。

后来，他用幽默的语言将自己的故事写成了一本书，获得了巨大的成功。

在岁月的长河中，我们每个人都会遇到一些令人不快的情况或麻烦的事情，在这个时候，与其悲伤难过，不如乐观地接受它，并且适应它。这样就可以用自己的积极乐观来湮没那些不幸，最终让这种不幸转变为一种幸运的事情。就像拿破仑·希尔一样，相信这些不幸总会成为过去，没有必要给自己制造更多的麻烦。不要让一时的不如意影响你的心情，笑一笑，以乐观的心情面对，你就会发现，天大的问题终究有解决的方法，再大的困难终究会成为自己的一笔巨大的精神财富。

4. 将心比心，学会换位思考

在现实生活中，个别人是透过一层眼镜去认识、了解别人的，这层眼镜就是他主观的参照标准，有时候就是一种成见。甚至常被这种成见左右而不自觉，也就更谈不上设身处地地理解别人了。

——北大课程引用名言

要保持平和的心态，就要学会换位思考，这是人与人之间和谐交往、减少冲突的基础。换位思考的实质，就是设身处地为他人着想，即想人所想，站在对方的角度或者位置上去思考问题，去主动体察对方的内心世界，如情感体验，思维方式等，从而与对方达到情感上的沟通，为增进理解奠定基础。它既是一种理解，更是一种关爱，也是一种体贴。

有一天，一位智者与一位少年谈论为人处世时，智者送给少年四句话：把自己当成别人，把别人当成自己，把别人当成别人，把自己当成自己。

少年依照智者之言努力修炼自己，也成了一位智者。他是一个愉快的人，也给每个见过他的人带来快乐。智者的四句箴言好比一帖快乐处方——

把自己当成别人：受到挫折、屈辱时，把自己当成别人，便能置身事外，不快自然减轻；功成名就、取得成绩时，把自己当成别人，就不至于得意忘形，让胜利冲昏头脑。

把别人当成自己：与人交往，遇事设身处地为别人着想，这事遇到自己的头上，自己会怎么办，选择什么样的方式处理。于是，就会对别人多一点同情，多给点帮助。

把别人当成别人：就不会自以为是，能够事事去尊重别人，任何时候都不怠慢别人，不强求别人怎么做，怎么做都是别人的自由，自己无权干涉。

把自己当成自己：即任何人都有自己的独立性和个性，你就是你自己的，不是别人的，但有时候你又是别人；把自己当成自己时，就得承担起自己的责任；该把自己当成别人时，就得站在别人的角度看自己，这样就不至于自我封闭。

由此可见，要善待人生，这可以让我们摆脱不应有的烦恼和焦躁，可以使自己的生活多一点愉快，同时也能把快乐传递给周围的人，那么，你的世界便是和谐的，快乐的。

换位思考，将心比心才能够真正地了解他人的所思所想，才不会轻易将个人的喜好、逻辑强加于人，也才能获得他人的理解和尊重，人与人之间的关系才能更进一层，达到和谐的状态。

5. 暂时的弯腰，是为了更好地站立

"财聚人散"的要领在于不计较当前的利益，着重长远利益，吃小亏，占大便宜。

——北大课程引用名言

每个人都会遇到巨大的压力，当你无法承受的时候，不妨灵活地适当弯曲一下，向生活低个头。否则，劳心劳力，会让自己心力疲惫。做人虽然不可无傲骨，但为人处事也不能总是昂着头，那样只会让你错失脚下的美丽风景，甚至还会因看不清脚下的路而栽跟头。弯腰低头不是让你倒下，而是为了更好地站立。

千百年来，我们推崇和赞美"大雪压青松，青松挺且直"的高尚精神，但如果那些小枝干无法承受这样的压力时，它如果还要坚持"挺且直"，最终的结果只有一个——断枝夭折。所以，生活中，当我们身上的"积雪"压得自己喘不过气来的时候，不妨尝试着弯曲一下，抖落掉满身的浮雪，就可以为以后自己长成参天大树创造条件。

在生活和工作中也是如此，如果你一味地付出，不懂得适当地弯曲一下，最终你就可能要走到崩溃的边缘了。

张敏是上海一家外企的职员。三年中，她是上司眼中的好员工，工作认真负责，任劳任怨。可是，最近的她觉得自己都快要崩溃了，甚至感觉如果再继续工作下去，就可能会彻底疯掉。

为什么会这样呢？三年前，张敏从高校毕业之后就来到了这家外企工作，因为机会难得，她极为珍惜。在平时的生活中，只要是工作上的事情，她都事无巨细、一丝不苟。因为工作太过繁忙，所

以她经常加班熬夜。有时候，由于工作任务太重，她还会为此而号啕大哭。

外企的待遇很高，在很多人的眼中，外企似乎是打工者的天堂。然而，待遇高了，付出肯定是很多的。如果不懂得提高自己的工作效率，分不清事情的轻重缓急，自然会被工作所累。

为了保住自己的工作，张敏只好没日没夜地加班。这样的生活持续了三年，张敏越来越累，一想到工作就会头痛。而且生活也越来越单调，没了爱好，没了朋友，没了乐趣，她都快要崩溃了。

工作对于她来说只能是疲于应付。主管每次派给她什么工作，她只管埋头苦干，感觉精神压力大极了，而且自己从来没有停下来想过自己这样做究竟是为了什么？她也从来不知道这样的生活如何才能解脱。

即使工作再有趣，也是一种付出，如果只是埋头苦干而不注意适当地"弯曲"下来休息一下，长时间超负荷工作，就只会使你的心理崩溃了。如果她能适时地休息一下，享受一下生活中的其他乐趣，再重新找到工作和生活的目标，也许就不会觉得如此疲惫了。

在生活的道路上，弯腰低头是一种理智，是一种追求的韧性，一些弱小的生命为了避免过早地夭折和被毁灭，就会暂时放弃自己的欲望。而我们人类如果能适时弯曲，低头，就能及时地卸去心灵中那份多余的沉重。所以，生活中，我们不要总是将眼睛望着高处，要懂得适时弯腰，终会因为撞上挫折的"门框"而头破血流，终有一天会摔跟头，给自己带来不必要的伤害甚至牺牲。可以说，只有学会弯曲，懂得低头并且勇于向生活弯曲、低头的人，才能够享受到生活的真谛，才能更好地保全自己，获得最终的成功。

6. 冲动是魔鬼，感情用事要不得

时间是毫不留情的，它使人在自己制造的镜子里照见自己的真相！

——季羡林

要修炼一颗平和的心，就要管理好自己的情绪，不要凭个人的爱憎或一时的感情冲动去处理事情。否则，伤人害己。

生活中，我们经常看到：两个人因为一些小小的矛盾而发生口角之争，争吵谩骂几句后就大打出手。结果轻者受伤，重者致死。当一方受到法律的制裁时，方才悔恨不已，竭尽全力解释：都怪当时太过冲动。然而，一切都为之晚矣。

冲动是魔鬼。人的感情已涌上心头，就会对周围的环境、对自身的现状都缺乏客观而清醒的认识，从而丧失理智，做出错误的判断，从而做出一些不明智的举动。最终，伤人害己，甚至会犯下一生都无法挽回的错误。

锋和兰在一起恋爱 3 年了，兰一直以为他们可以相爱到天长地久，会结婚、生子，一生都过着幸福的生活。可是，就在兰为他们的感情而憧憬幸福时，锋却移情别恋，他爱上了他的一位同事。于是就向兰提出了分手。

兰顿时感到自己的天塌了，她崩溃了。于是，便跑到锋的单位质问为什么，锋只对她简单地说，不爱就是不爱了，说他们在一起实在感到太累了。

兰很是伤心，每天都以泪洗面，但是她仍旧不愿意相信两个人的感情就这样没了。于是，便经常给锋打电话，诉说对他的思念之情。锋因为开始了新的恋情，对兰的行为感到很烦，但兰还是不肯放弃。时不时到锋的单位大吵大闹，终于有一次，锋在忍无可忍的情况下，受不了兰的过分纠缠，一气之下就拿刀将兰杀害了。

最终，锋因故意杀人罪，被判处死刑，而兰却再也醒不过来了……

因为锋的一时冲动，酿成了巨大的悲剧，对两人乃至两个家庭来说，都是灭顶之灾。感情用事的结果常常是彻底的失败，而且越冲动，造成的损失也就越大。

情绪是人生的坐骑，谁能驾驭它，便驾驭了人生。世事多变，人们的理智很容易被情绪所左右，它使人们对复杂的形势做出错误的分析和判断。因此可以说，一个被感情左右的人，也一定是心智不成熟的人。

任何人都有情绪出现波折的时候，世间最难的也莫过于控制好自己的情绪。如果控制不好，就会遇事慌乱，无法冷静处之；如果控制得当不仅能够免受一些不必要的伤害，还能让自己的人生之路少一些阻隔，多一些畅通。

7. 学会放手，别让爱情成为负累

一生至少该有一次，为了某个人而忘了自己，不求结果，不求同行，不求曾经拥有，甚至不求你爱我，只求在我最美的年华里，遇见你。

——徐志摩（曾任北大教授）

有这样一句富有哲理的话：如果你不爱一个人，请放手，好请别人有机会爱她。如果你爱的人放弃了你，请放开自己，好让自己有机会爱别人。这话从侧面教会了人们如何对待感情。

并不是每一段感情都会有收获，当你爱一个人得不到回报的时候，在你付出千般努力也无法得到一个许诺的时候，在你因爱而受伤的时候，千万不要再跟这段感情较劲了，要学会放手，给彼此自由，否则，带给彼此的只是无尽的痛苦和烦恼。

其实，在一段耗费心力的感情里，放过对方，给对方自由，也是给自己自由和快乐。要知道，人世间曾有太多的令人心碎的安排，过于执着只会给彼此带来疼痛、悲哀和伤害。所以，我们还是顺其自然吧！退一步海阔天空，学会放手，学会给予对方自由！给他爱你的自由，也给他不爱的自由，这样，不也正是一种美丽么？

有些东西是注定不属于自己的，何必要苦苦与命运抗争呢？与其身心疲惫，不如及时放下。

关于爱情，张小娴说："我爱你，为了你的幸福我可以放弃一切，包括你。"这是爱的极致。"放弃一切，包括你"，这是何等的洒脱，更令人敬佩。因为你爱的人不爱你，如果因为爱，与一个不爱你的人长期纠缠下去，往往会两败俱伤。

放手后的天空虽然是灰色的，缺乏生机的，但是，要知道这个世界上没有永远的激情，没有一成不变的事物。人生好似花开花落，周而复始，没有永远不凋谢的花朵，没有永恒不变的感情！真爱一个人，不一定要拥有；真正的爱情，也不一定就会天长地久！如果你爱一只鸟，就给它飞翔的自由，给它享受蓝天的自由，给它品味风雨的自由；爱一个人，给他爱的自由，给对方选择的自由和拒绝的自由，这是爱情的最高境界。

8. 别因为习惯了得到，便忘记了感恩

奢侈会破坏人们的心灵纯质，不幸的是，人获得的愈多，就愈贪婪，因为贪婪的人总是不能满足自己。

——北大课程引用名言

甲不喜欢吃鸡蛋，每次发了鸡蛋都给乙吃。

刚开始乙很感谢，久而久之便习惯了。

习惯了，便理所当然了。

于是，直到有一天，甲将鸡蛋给了丙，乙就不爽了。

她忘记了这个鸡蛋本来就是甲的，甲想给谁都可以。

为此，乙就与甲大吵一架，从此绝交。

生活中，我们何曾不像乙一样，因为习惯了得到，便忘记了感恩。我们总是希望得到别人的好。一开始，便对对方感激不尽。但是时间久了，便成为习惯了。当我们习惯了一个人对你的好，便认为是理所当然的。有一天别人突然对你不好了，你便开始怨恨。其实，不是别人对你不好了，而是你要求的变多了。当一个人习惯了得到，便会忘记了别人对他的好，便忘记了感恩，于是在得不到时，便心生怨恨，抱怨不止。要知道，这个世界上，每个生命都是独立的个体，自己要对自己的生命负责，没有人有对你好的义务。

刘晓和丈夫张翔在上海工作了好几年，他们一直都是租房子住，很想有个属于自己的家。于是，两个人就开始算计着买套属于自己的房子，但是手头的存款连首付都不够。所以，刘晓就想找周围的朋友、亲戚借钱，先贷款把房子买下来，再慢慢地还债。于是，他

们就给周围的亲戚朋友打了一圈电话去寻求帮助。

张翔先打给自己多年的至交好友打电话，对方一听说是借钱买房子的事，就推脱说自己最近生意上赔了很多钱。张翔虽然明显地感受到对方口气的冷淡，但还是想让对方想想办法去帮助自己一把。刘晓在旁边听了，知道对方是在推托，心中很是不满。

后来，刘晓就又打电话给自己平时最好的朋友张兰，张兰一听，就赶紧说了一通自己当前的经济状况是如何如何困难的话，刘晓听到那种语气之后，心中一下子凉了。她挂断电话之后，一直对刘明抱怨不止，双方都陷入巨大的痛苦之中。

生活中，一般人都认为，自己有了困难，别人就应该提供帮助，尤其是跟自己最近的人。以这样的心态，当我们遭遇拒绝之后，你就会恼羞成怒，甚至怨天尤人，抱怨连连，置自己于痛苦之中。

要知道，这个世界上，没有任何人欠你什么；没有人有义务，无条件地帮你，包括你最亲的人，一切只能依靠自己。当遭到朋友的拒绝，其实错不在朋友，而在于你自己。朋友不是不帮助你，也许对方也有难言之隐，帮不上你。假如你总是抱怨甚至痛恨朋友，从此失去一个好朋友，这将给你造成更大的损失，与其这样，为何不主动站在对方的角度，多为对方着想呢？

9. 没有什么不能坦然

不要让心情太激荡，在发热时投入一块冰；不要让心情太忧郁，在发冷时生起一盆火；不要让心情太烦闷，到绿水青山间去，让烦恼消散于蓝天白云、鸟语花香里；不要让心情太愁苦，从浓处化淡，从淡处化浓，从得处看失，从失处看得；不要让心情太浮躁，闹中取静，忙中偷闲，在柔婉的音乐中让音符洗去心灵上悬浮的泥沙……

——北大课程引用名言

"宠辱不惊，闲看庭前花开花落。去留无意，望天空云卷云舒。"古人尚且有如此美好的境界，现代的我们更应该养成宠辱不惊的心态，坦然地面对生活中有可能发生的所有的事情。

随着现代社会生活压力的增大，很多人在得失面前总是会表现出一副无所适从的茫然状态，这样只让自己丧失了快乐的资格，丧失了乐观的天性。我们每个人固然左右不了周围的环境，但是却都可以选择自己的心情，可以说，选择快乐是生命的赢利，放弃快乐是生命的亏损。因此，无论身处怎样的境地，我们都应当尽量宠辱不惊，这样你才能平稳心态，体会快乐。快乐是决定命运航船的舵，变换心境就等于变换生活。选择乐观地对待一切，还是选择悲观地对待一切，结果可能就会完全不同。

一年一度的征兵活动开始了，刚刚走出大学校门的迈克就在应征名单之中。听到这个消息之后，他每天的心情都很郁闷。

爸爸看到了他郁郁寡欢的样子，就决定和他聊聊天，于是对迈克说："孩子啊，其实，你没必要这么忧虑。到了部队以后，你会有

149

两个机会，一个是留在后勤部门工作，一个是被分配到外勤部门。要知道，如果你被分配到内勤部门，你现在的担心完全就是多余的，那些工作是很轻松的。"

爸爸的话，并没有让迈克有一丝的放松，他说："要去哪个部门不是自己决定的，如果被分配到外勤部门呢？"

爸爸听了，笑了笑，说："那也没关系啊。即便你到了外勤部门，你还是有两个选择，一个是留在美国本土，另一个是分配到国外的军事基地。如果你被分配到美国本土，那么，你就完全不用担心了。"

迈克又紧张地说道："那要是被分配到国外的军事基地呢？"

"如果这样，你还可能有两个机会。第一个是被分配到和平而友善的国家；第二个，你被分配到海湾地区。如果是前者，那么你就什么事情都不会有。"

迈克着急地说："可是，我要是真的去海湾了呢？那我不就完蛋了么？"

"这怎么可能？如果你留在总部，而不是上前线，那么也不会有事。"爸爸轻松地说道。

"那我要是上前线了，这该怎么办？假设我还受了伤，那我以后该怎么生活？"迈克又紧张地问。

"受伤也分程度的。也许你只是轻伤，根本无碍的。"爸爸说。

迈克还是不满意，说："那要是不幸身负重伤呢？"

"那很简单，要么保全性命，要么救治无效。如果还能保全性命，还担心什么呢？"爸爸安慰道。

迈克最后问道："天啊，要是救治无效，那我该怎么办啊！"

爸爸听完，大笑着说："这更简单了。你人都死了，还有什么可担心的呢？"

与爸爸相比，迈克显然在生活中的智慧还有很大的差距。但是，爸爸的话却让我们明白这样一个道理：无论人生面临什么样的际遇，都会有两个机会，一个是好机会，一个是坏机会。好机会中蕴含着坏机会，坏机会中蕴含着好机会。问题的关键是我们以什么样的眼光、什么样的心态来对待它。

对那些天性乐观开朗、心胸旷达、心态积极的人来说，他们能够坦然面对即将到来的事情，因为在他们的眼里，两个都会是好机会；而对那些习惯于悲观沮丧、心态一贯消极的人而言，则两个都只是坏机会，因此也将自己置于悲伤之中无法自拔。

其实，这个世界上没有什么不能坦然面对的事情，关键是以什么样的心态去面对。面对失去的，就要及时调整心态、豁达胸襟，敢于面对现实，认真分析形势，以求进一步的得到。世界上没有永恒，也没有绝对，如果为得失耿耿于怀，不能自拔，就走不出"失"的阴影，看不到"得"的危险，只会让我们与快乐无缘。

10.　万事随缘不强求

我在茫茫人海中，寻找自己灵魂之唯一伴侣，得之，我幸；不得，我命。如此而已。

——徐志摩

任何人的一生都不可能一帆风顺，总难免会被纷纷扰扰的琐事所困扰。同时，还有诸多的诱惑在考验着你的定力，让我们时常感到心累不已，这个时候，与其强求，不如顺其自然，随缘而定。

缘分在很多时候，就像风。它无形无色，随着尘埃四处飘荡，它可以随风飘到遥远的天涯，也可以伴雨洒到从未到过的原野。缘分如线，能将相隔千山万水的陌生人牵连在一起，让他们在偶然间相识相知；缘分如水，来去自由，在润物细无声中浸透着最美丽的邂逅，将彼此的心灵浸润得极为纯美，洗尽曾经的彷徨，给人带来意想不到的机缘。生活中的得失，一切在于一个"缘"字，它让人捉摸不定，与其强求，不如随缘。缘来不狂喜，缘去不悲泣，这样的人生才是惬意的人生。

高高的山上有一座寺院，一位和尚经常到山下的河边去挑水。

有一次，他的桶有点漏，滴滴答答，一路都在往下漏水。过路的人看到了，就提醒他说："你这么辛苦地挑了一担水，但是水桶却是漏的，等你走到山上的寺院中，恐怕水就差不多漏完了吧！为何不换个新桶呢？这样多么浪费力气啊！"

而这位小和尚坦然一笑说道："没有浪费力气，你可以回头看一看，这桶中所漏掉的水不是都浇了这一路的花草吗？你瞧，它们长得多好啊！"

一切随缘，这是一个想获得快乐和幸福的人应该有的心态。学会以坦然、乐观的心态去看待世事的发展，才能够赢得内心的平静，赢得令他人羡慕的"快乐人生"。

很多时候，缘分与快乐、幸福一样，是个极为抽象，令人捉摸不定的概念。缘来了，谁也挡不住，你只能坦然接受；缘散了，谁也不能强留，空留一些美好和遗憾在时光的河流中隐隐飘散，我们只能在顺其自然中寻找到一份难得的淡然和恬静……

缘分其实是个奇妙的东西，根本无法解释，因为无法解释，所以充满了无限的玄机，给人以无限的遐想。很多事情，好似上天安排好了似的，在坎坷人生的驿站该遇到哪些人，该遇到哪些事，仿佛在冥冥之中已经有了定数。正所谓万事随缘而来，随缘而去，不必苦求和挽留，人生在世，万事随缘皆好。缘来，无须狂喜；缘去，则不必悲泣，一切都是定数。

一切随缘，是一种胸怀，也是一份成熟。有缘无分，或者有分无缘，都只不过是生命中一段不圆满的缺憾而已，它不应该成为我们漫漫人生征途中的困惑和羁绊。对于不成熟者，缘来的时候不懂得如何好好把握，等到缘散的时候才去不断地抱怨和后悔，徒留一份痛苦和遗憾；对于成熟者而言，他们从不会把缘分当作是生命的一种负担，他不在乎缘分的得失，怀揣着一份轻松和坦然，在拥有的时候无限地珍惜，失去后也会淡然一笑，该珍惜的时候已经珍惜了，该放手的时候就该放手，看淡了，也就不必去耿耿于怀。

作为一个平常人，我们没有翻云覆雨的能力去左右别人的意志和心意，但是我们却可以把握自己的内心，用随缘调剂自己的内心，在随缘中，让人生获得精神上的自由和坦然。读懂随缘的人，内心有一种坚韧的自信，无论面对任何风云变幻的坎坷岁月，都能够进退自如，游刃有余。万事随缘，你的生命将会获得一份恒定的平静和恬淡；万事随缘，你会保持坦然愉快的心情。

11. 世界不像你想象的那么"脏"

心亮世界则亮，心暗世界则暗。

——北大课程引用名言

有一天，一位妇女在阳台上晾衣服的时候，转眼就看到邻居晾着的衣服中有一大块黑色的污垢，她想："这家人怎么搞的啊，衣服都洗不干净，她家中一定很乱，夫妇俩一定是在闹离婚呢！"

第二天，这位妇女再一次发现邻居晾着的衣服中又有了一块污垢，她就想："真是无可救药了，怎么会有这样的一家人啊！"

每天，她在晾衣服的时候都会发现这样的情况。

这一天，她终于无法忍受了，就对丈夫抱怨说："对面那家人怎么搞的，衣服怎么没洗干净就晾起来了!"

丈夫听了很是奇怪，就来到了阳台边，顺着妇女手指的方向望去。果然，对方阳台上晾着的衣服上有很大的一块脏东西，在阳光下很是显眼。这个时候，一阵风吹过来，衣服就开始摇摇晃晃，在风中不停地飘动着，丈夫才发现那衣服与"污垢"很是不对称。他就走到窗户旁边，拿起洁净的抹布向玻璃窗擦拭了一下，又使劲地向它哈了一口气。

"这下不就干净了吗?"丈夫笑着对她说道。

那衣服在阳光下摇摆飘逸着，是如此的雪白无瑕，没有任何的污垢。

最终，妇女自己也哑口无言，原来是自家的窗户脏了。

在很多时候，我们擦亮自己内心的窗户以后再去看这个世界，就会发现这个世界根本不像自己想象的那么"脏"!

在生活中，我们从别人简单的一句话或许能够看到别人"暗藏的心机"，从某个人的穿着打扮中就可以看出对方是否是为了引起谁的注意，甚至从别人极为单纯的眼神中就能看出对方是否对你怀有好意……如此一来，我们的想象力也太过于丰富，真是太过于聪明了，再也看不到山的青翠，看不到水的清澈。如此一来，我们的内心怎么会不累呢?

生活有其原本的面貌，面对一切世事，只有以一颗平常心去面对，多信任别人和理解别人，烦恼就不会存在了，因为很多事情本身就是生活的原本的状态。只要你勤于擦亮你内心的窗户，那你看到的一切都会是清澈明亮的。

第 7 章

心的容度修炼课

1. 心有多大，世界就有多大

　　大智慧者必谦和，大善者必宽容，大骄傲者往往谦逊平和。有巨大成就感的人，必定也有包容万物，宽待众生的胸怀。小智者咄咄逼人，小善者斤斤计较，小骄傲才露出不可一世的傲慢脸相。

——北大课程引用名言

　　心是什么？是理想、追求、抱负、胸襟、视野和境界。有一等胸襟者，才能成就一等的大事业，有大境界者，才能建立丰功伟业。

　　很多时候，我们去做一件事情，缺少的常常不是知识和能力，而是胸襟、视野和境界。胸襟小的人，做起事情来，常常会挑三拣四、拈轻怕重、斤斤计较、患得患失。他们整日忙忙碌碌，最终却碌碌无为。而心胸像大海一般宽广的人，尽管有时候从事的是最平凡、普通的工作，但是他们从来不怨天尤人、自暴自弃，而是任劳任怨、埋头苦干、无私奉献、不计得与失，能够在平凡的岗位上创造出不凡的业绩。

　　秦朝丞相李斯，曾经辅助秦始皇统一并管理天下，立下了汗马功劳。然而，很少有人知道，李斯年轻的时候，却只是一名掌管文书的小吏，他的发迹，主要在于他的一次上厕所的经历。

当时的李斯完全过着浑浑噩噩的日子。直到有一天，李斯到粮仓外的一个厕所解手，这样一件极其平常的小事竟然改变了他的人生态度。

李斯进了厕所，尚未解手，却惊动了一群老鼠。这群在厕所中安身的老鼠，瘦小枯干、探头缩爪，而且毛色灰暗，身上又脏又臭，很让人恶心。

李斯看到这些老鼠，忽然想起了自己管理的粮仓中的老鼠，那些家伙，一个个都吃得脑满肠肥，皮毛油亮，整日在粮仓中大快朵颐，逍遥自在，与眼前的这些老鼠相比，真是天上地下啊！人生如鼠，位置不同，命运也就不同。自己在这个小小的粮仓里做了8年的小文书，从未见过外面的世界，不就如同这些厕所里的老鼠吗？整天在这里挣扎，却不知道有粮仓这样的天堂。

于是，李斯便决定换一种生活方式，第二天他辞了工作，离开了那个小城，去投奔当时的一代儒学大师荀况，开始自己寻找"粮仓"的道路，20多年之后，经过自己不断努力，他已经将家安在了秦都咸阳丞相府中。

内心有多大，舞台就有多大；心有多宽广，世界就有多大。李斯前后的心态不同，内心的想法不同，最终造就了不一样的自己。为此，可以说，有什么样的心态就会产生什么样的结果。心有多宽，你周围的世界就会有多宽阔。

在生活中，一些人总是会抱怨自己的世界不够大，施展个人才华的舞台也不够大。其实，世界与舞台的大小都源自我们的内心。内心有多大，你的眼界就会有多高，你周围的世界就会有多大。要想成就自己的梦想，一定要先学会扩展自己的心灵空间，舍弃过多的计较，才能获得最大的成功与做出更大的成就。

你如果能清楚地认识到这一点，那么，现在请回过头看看自己走过的道路，你就会发现，当初那些让我们都觉得天要塌的厄运，现在看来也只不过是鸡毛蒜皮的小事情而已；当初那些让人感到快要窒息的斥责，现在看来也显得极为幼稚可笑；过去那些令自己感到万分痛苦的事情，现在也仅仅不过是供自己茶余饭后闲聊的一个话题罢了。一切的一切不都成为过眼云烟了吗？再痛苦，再烦恼，也不过是生命的一个过程罢了。只要你能够将心灵放得宽大一些，不要过于计较眼前的利益得失，一切都会成为生命中永远的过去。

为此，从现在开始，我们切不可再去计较眼前的痛苦和烦恼了，那样只会缩小我们的内心。心小了，如何能够装得下大千世界呢？如何才能让自己快乐呢？

2. 宽容是一种力量

容人是一种美德，是一种思想修为，更是一种高尚的品德。一个人要能够容人之攻——对别人不妥的讥词不计较，容人之长——对别人的优点虚心学习，容人之短——对别人的缺点正确看待，容人之过——对别人的错误不记旧账。

——北大课程引用名言

一位哲人说："人有两颗心，一颗心用来流血，一颗心用来宽容。"宽容是一种品格，一种力量。一个拥有宽容之心的人，懂得"水至清则无鱼，人至察则无徒"的道理。他明白"大肚能容容天下难容之事，开口常笑笑天下可笑之人"的境界，他理解"厚德载物，雅量容人"的胸襟。他们不会把自己困锁在繁杂的小事之中而苦恼抱怨，更不会把自己滞留在所谓的是是非非之中而徘徊不前。拥有宽容胸襟的人，具有一种与生命相抗争的韧性，也具有一种笑看人生的潇洒，同时还具有一种远离世俗的超脱，具有一种参禅悟道的释然……这是一种大彻大悟的品格，是一种需要不断完善的练达。

相传古代有位老禅师，有一天傍晚，他在禅院里散步，突然看到墙角边有一张椅子，他一看便知有位出家人违反了寺规越墙出去了。

老禅师也并不声张，他走到墙边，移开椅子，就地而蹲。少顷，果真有一个小和尚翻墙，黑暗中便踩着老禅师的脊背跳进了院子之中。

当他双脚着地时，才发觉自己刚才踏的不是椅子，而是自己的师傅。小和尚顿时惊慌失措，张口结舌，不知如何是好。但出乎意料的是，师傅并没有厉声斥责他，只是以平静的语调说："夜深天凉，快去多穿一件衣服吧。"小和尚顿时无语，从此之后，他再也不敢翻墙偷着出去玩了。

宽容是一种力量，比尖刻的教育更有力度，更能让人信服和折服，更能起到教育的作用。同样的，宽容就是忍耐，面对他人的批评，朋友的误解，过多的争辩和"反击"实不足取，唯有冷静、忍耐、谅解最为重要。有人说，宽容是在荆棘丛中长出来的谷粒，它能够让人清醒，使人明智，使人坦然。宽容可以使人明辨是非，不过于计较个人的得与失，可以让人着眼于一生一世，而不是一时一事。宽容胜过一剂良药，不仅能为对方带来好心情，而且还可以使自己身心舒畅。宽容可以使软弱者觉得这个世界异常温柔，使坚强的人觉得这个世界异常高尚。如果说苛责、仇恨和嫉妒是人心中的沙漠，那么，宽容便是那沙漠之中的绿洲和河流。诸葛亮对孟获的宽容，让他彻底折服，心甘情愿地归顺，最终成就一番大业；蔺相如的宽容演绎出"负荆请罪"的动人佳话。历史告诉我们，宽容可以平息人与人之间的纷争，可以改变人的一生，可以使世界变得更为祥和。所以，在任何时候，我们学着以宽容的心态面对一切吧，它是成就你一切的基础。

3. 宽容是保持婚姻幸福与和谐的法宝

爱，就是没有理由的心疼和不设前提的宽容。

——周国平

一位哲人说，在你准备结婚的时候，一定要谨记一句哲学名言，要懂得忍耐和包容对方的缺点，这是保持婚姻和谐和幸福的重要法宝。世界上没有绝对的幸福圆满的婚姻，幸福只是来自于无限的容忍与互相的尊重。每个人都渴望在婚姻中能汲取到婚姻的养分。然而，现实婚姻中的男男女女，难免会为了小事闹矛盾、争吵，使幸福大打折扣。

一天，张东满脸憔悴、神色黯然地去与一个朋友会面。张东刚刚结婚，但却满脸忧愁，从他的脸上看不到一丝的喜庆。他对朋友抱怨说："我的婚姻真是太不幸了，我的前妻毛病很多，每天总爱唠叨，而且脾气暴躁，家里家外没有什么管不到的。另外，她还挥霍浪费，懒惰至极。每次总是趴在我的腿上撒娇说，老公咱们到外面去吃吧！偶尔到外面吃一顿，我还是可以忍受的，但是，她三天两头要出去，就要闹矛盾，甚至要吵架了。久而久之，我实在无法忍受，就向她提出了离婚，前妻毫不犹豫地答应了。

"第一次婚姻的失败，我苦闷得很。一年过后，我想再婚，当时只想找一位能够省吃俭用，爱干净却又不会乱花钱的女人进门。不久，我的愿望实现了，朋友给我介绍了一个女孩，各方面条件都符合我的要求。我很喜欢她，认为这次婚姻一定会幸福了。于是，我满怀欣喜地将她娶进了家门。

"但是，婚后不久，我就发现我新娶的这位夫人实在是太爱干净了，每天都会将家中收拾得一尘不染，我每天回家进屋后必须要先被她拉进浴室洗澡，换上家居服才能够吃饭。平时，只要说有亲戚朋友到家里来，妻子就会马上命令我和她一起大扫除，搞得我筋疲力尽。我这时候才明白，女人如果太爱干净了，可真是要人命啊！

"如果仅仅是爱干净也是能够忍受得了的，妻子还爱翻我的钱包，每天要检查我的财务支出，搞得我经常囊中羞涩。每天餐桌上摆放的永远是青菜土豆，偶尔我说，咱们出去吃顿好的吧！天天吃这些，真是太倒人胃口了。而妻子却振振有词地说：出去吃，又要多花钱，我看青菜土豆就行，既营养又健康，而且还省钱……

"听了她的话，我真想一摔碗就立马走人。但是，刚刚结婚又不能离婚，哎，想想都痛苦，每天都将自己压得喘不过气来！"

朋友听了，笑了笑且对他说："生活中，每个人都有缺点，两个生活习惯各异的人结合在一起，就像两只长满刺的刺猬一样，一不小心就会刺到对方。如果两个人生活在一起，能够相互包容、体谅，容忍对方的缺点和不足。能够去发现对方的优点，才能够获得最终的幸福。你的生活之所以太过压抑，只是因为仅仅看到了对方的缺点，甚至在你心中，把对方的缺点和不足扩大化了，大到蒙住了你的眼睛，才让你看不到她的优点。"

事实上，人无完人，没有不带缺点的个性。有句谚语说："我们的缺点乃是我们优点的组成部分。"就以我们自己来说，也远不及我们所想象的那么完美无缺。所以，忍让和宽容就成为家庭和谐的重要因素。每个人都应该学会去适应"另一半"的生活方式和习惯，而不是要企图依照自己的模式将"另一半"改造过来。这种改造往往是极为有害的。

婚姻专家指出，家庭是否幸福，不单单取决于人与人之间的感情，而主要取决于他们内在的品质和美德，即利他主义、恭谨谦让、心地善良、知书达理、关心对方，培养造就伴侣掌握实用的技能，培养共同的兴趣和爱好，等等。

一位哲人说，婚姻就像一杯原味的咖啡一般。原味咖啡是苦涩的，极难下咽的，然而，加了奶和糖的时候，马上就会变得极为香浓醇郁。幸福的婚姻也是如此，只要你在其中加入了忍让和宽容，就马上能品出幸福的味道来。

4. 饶人一条路，伤人一堵墙

有人打你的右脸，连左脸也转过来由他打。

——《圣经》

身处社会，无论做人还是做事，都要留有余地，即给别人一个机会，一个空间，一个希望。与他人方便，其实是与自己方便，这实际上就是给自己创造了更多的发展机会和发展空间。

俗话说"月圆易亏，物极必反"，凡事要留有余地。留有后路，也是给自己留后路；留余地，也是让自己少堵墙。

赤壁之战是三国一个转折性的经典战役。孙、刘联盟以少胜多，将曹操的 83 万大军击溃。战败之后，曹操只能在许褚、张辽、李典、徐晃等大将的保护下慌忙败走南郡。在华容道上，曹操在马上扬鞭大笑。众将忙问："丞相何故大笑？"曹操曰："人皆言周瑜、诸葛亮足智多谋，以吾观之，到底是无能之辈。若此处伏一旅之师，吾等皆束手受缚矣。"话音未落，一声炮响，刘备的大将关云长拦住了他的去路。谋士程昱则对曹操说道："某素知云长傲上而不忍下，欺强而不凌弱，而且还恩怨分明，以'天下第一义士'著称。当日丞相待他不薄，今只亲自告之，可脱此难。"曹操纵马上前，谈及昔日对关羽的恩情，令关羽动容，遂放曹操一条生路。

后人在评价此事时，很多人都认为关羽太过愚蠢，当时如果一举斩杀曹操，就不会为其日后留下无穷的祸患。

其实，这是关羽的一种大智慧。当时曹操统一北方，在军力上勉强能与之抗衡的唯有孙权。当时，刘备还没有安身之地，势力太过弱小，如果曹操被杀，北方一定大乱，能得到好处的唯有孙权。同时，孙权还会集中兵力进攻刘备，到时候，即便军师诸葛亮有天大的本事，也没有办法挽救刘备的厄运。而如果当时放走曹操，让孙、曹两家拼杀，而刘备便可以坐收渔翁之利。

今天的有志之士更应如此，不可因眼前一点利益而打破长远的计谋，不可因为当前一点点的诱惑而放弃未来。

多个朋友多条路，多个冤家多道坎。不给别人留余地，只会激怒对方。一旦对你怀恨在心，你以后的日子恐怕就得小心了。兔子急了还咬人呢。伤人一千，自伤八百，实在是得不偿失的事情。

不给对方留有余地，就等于伸手打别人耳光的同时，也给了自己一记响亮的耳光。人生就是如此，不让对方为难，也是给自己方便。让别人活得快乐，自己的心情也愉快。这就是留有余地的妙处。倘若你能给别人留有余地，别人一定会对你心存感激，对你铭记于心，一旦有机会定会加倍地回报。一次的宽容，也就相当于给了自己一次成功的机会。否则，就算逞得了一时之快，一旦他日狭路相逢，他势力比你强大，你将如何应对呢？所以，无论你处于什么样的位置，有多大的权力和财富，一定要学会善待他人，多给他人留余地，因为未来充满了变数。今天对方是端水倒茶的服务员，说不定明天就是贵妇人；现在是个毛头小伙子，指不定哪天就是你的大客户；今天是个穷困潦倒的倒霉鬼，明天说不定就是富甲一方的大富豪。未来的事情，谁又说得清楚呢？

所以，从现在开始养成一个习惯：凡事多给对方留余地，也是给自己留条后路。其实，生活中你只要稍微克制一下自己，就能够做到。但是它带给你的好处，足以让你受益终生。为了养成这种宽容的美德，你应该努力避免以下"四绝"：权力不可使绝，金钱不可用绝，语言不可说绝，事情不可做绝。

5. 遇事要沉得住气

走运时，要想到倒霉，不要得意得过了头；倒霉时，要想到走运，不必垂头丧气。心态始终保持平衡，情绪始终保持稳定，此亦长寿之道。

——季羡林

要想修炼内心的宽度，要学会沉得住气。明代的吕坤在《呻吟语》中描述了"沉住气"的表现："在遭遇患难的时候，内心却居于安乐；在地位贫贱的时候，内心却居于高贵；在受冤屈而不得伸的时候，内心却居于广大宽敞，就会无往而不泰然处之。把康庄大道视为山谷深渊，把强壮健康视为疾病缠身，把平安无事视为不测之祸，那么你在哪里都不会不安稳。"吕坤说的三个"在"，是"沉住气"的真正的态度。一个人如果达到了这种境界，无论他遭遇任何事情都能够泰然处之而不乱。

然而，在现实生活中，人在很多时候都沉不住气，危机出现的时候容易沉不住气，事情太顺了，也容易沉不住气，进而使人生招来许多的祸患和永远无法弥补的遗憾。

韩信在当初落魄失意时，受人嫌弃和冷落。他曾经忍受过一个市井无赖的胯下之辱，还让一个替人洗衣服为生的老妇人赐饭为生。

后来，战乱四起，韩信投奔了项羽，因为出身不好而不被重用。后来又改投刘邦，仍旧不得重用。于是就连夜逃跑，这才成就了"萧何月下追韩信"的历史佳话。

随后，他的命运得到了改变。登坛拜将，金戈铁马，摧城拔寨，兵围垓下，四面楚歌，气吞万里的人生辉煌得以最大限度地展现。然而，当天下已定，他被封为楚王，不懂得在心志上收步，开始自恃功高，得意忘形，疏于防范，被刘邦视为"眼中钉"。

有一次，他与刘邦一同在谈论众将的才能，刘邦就试探着问韩信："你看我能带多少兵呢？"韩信则回答道："最多不过十万！"刘邦又问道："那么你呢？"韩信则说道："多多益善。"韩信明明知道刘邦畏惧他的统兵之才，仍旧狂妄自大，不懂收敛。功高震主，而且又盛气凌人，造成了他的命运悲剧。他最终被吕后和萧何合谋杀害，实在可悲！

人生最险得意时，韩信的命运悲剧在于他定力太弱，锋芒太露，在得意时沉不住气。要知道，世界上没有长久的失意者，也没有永久的得意者，人生得意时要懂得沉得住气，收住自己的内心，收住疯狂蔓延的野心，以谦虚谨慎的态度为人处事，会一步步地创造属于自己的辉煌。

真正伟大的人，确实要有一种不为宠辱所动，不被得失所拘的大气。一时的得失荣辱虽然并不都可以轻轻松松地看作过眼云烟，但相比较而言，一时的荣辱得失无论如何也比不上该做和必做的事情重要。人总是要往前走的，只有做好当下该做和必做的事情，才是往前走。再说，一时的荣辱得失，其所得所有，必有它该得该有的缘由。俗话说，没有无由的福祉，也没有无由的灾祸；没有无缘无故的爱，也没有无缘无故的恨。

要"沉住气"，主要的是要做到遇事不惊。遇事不惊，必凌于事情之上；达观权变，当安守于糊涂之中泰然处之。不泰然处之不能息弭事端，只能生事、滋事、扰事、闹事；不泰然处之不能力挽狂澜，只能被卷入漩涡之中，抛于险浪之巅。

遇事不惊，就要做到独自一人时，超然于物外；与人相处时，和蔼可掬；无所事事时，语默澄静；处理事务时，雷厉风行；得意时，淡然坦荡，失意时，泰之若素。

6. 唯有忍让才能换来和谐

包容心越大，成就的事业也就越大。所以，要想成为一个伟大的人，就必须要有容人的雅量。反过来，只有自己能容人，别人才能容自己。

——北大课程引用名言

要修炼心的宽度，重要的是修炼心的"忍"功。一位哲人说，忍者是最大的受益者。强势不见得是好事。老子说：兵强则灭，木强则折。太过刚强，则容易处于下风，而柔弱则处于上风。这告诉我们：凡事不可逞强、逞能，要学会容忍，要最大限度地理解别人，还要最大限度地理解别人对我们的不理解，才能换来与他人之间的和谐。

没有妥协，哪来和谐。和谐是一种追求，妥协是一种艺术。和谐的本质是一种共赢的智慧，和谐的核心是妥协和忍让。

乾隆年间，郑板桥一直在外地做官，有一天，他收到弟弟郑墨的一封信。

原来，在老家务农的弟弟想让郑板桥出面，到县令那里帮自己把事情说清楚，这让郑板桥很为难。但是，郑板桥自己也很清楚，弟弟根本不是好惹是非的人，这次一定是受人欺侮，不得已而求之的。

其实，事实是这样子的，郑家与邻居的房屋共同用一堵墙，郑家就想重修旧屋，但是邻居却出来干涉，于是就发生了争执。邻居对郑墨还恶语相对，并且说那堵墙是他们祖上传下来的，郑家根本无权拆掉。

但是，房契上却写得清清楚楚，那墙就是郑家的，邻居借光就盖了房子。这场官司就打到县里面，双方都在找人说情。郑墨自然会请他哥哥出面调解了，而且认定只要有契约，不会给哥哥带来多大的压力的，而且不管告到哪里，这官司都能赢。

但是，郑墨却没有想到，哥哥回信却劝他息事宁人，而且还附一首打油诗：

千里告状为一墙，让他一墙又何妨。

万里长城今犹在，何处去找秦始皇。

郑板桥的弟弟郑墨接到信件以后，感到惭愧至极，当场就撤诉了，并且还向邻居表示不再与对方发生争执了。邻居也被郑家兄弟的一片诚心所感动，当即表示道歉，并且还十分愿意与郑家重归于好，和睦相处。

因为郑氏兄弟的忍让，才避免了一场纷争，换得了和谐。这个故事告诫人们，忍让是一种处事智慧，也是一种极高的修养，一方面它可以使人获得心灵上的平静与道义上的支持；另一方面还能与人和睦相处，实现共赢。

在很多时候，"忍让"中的"让"并不是一种无能和懦弱的表现，也不是低人一等的表现，而是一种大度的风格，一种高尚的情操，它是处理人与人之间摩擦、矛盾的黏合剂，也是使人们心灵获得快乐的重要秘诀。

在现实的生活之中，很多人都会为了一点小事而互相谩骂，甚至会反目成仇，对簿公堂。如果他们彼此之间互退一步，就可以避免一场唇枪舌剑引发的"争斗"，人与人之间就能和谐相处。人们常说："惟宽可以容人，惟厚可以载物。"所以，为人处世要多些坦然和微笑，当你与别人发生矛盾时，与其与对方针锋相对，不妨相视一笑，退一步或许就能够海阔天空。随心随意，万事不对他人苛求，才能让心灵获得快乐与平静。

7. 心胸有多广，幸福就有多大

一切最高的奖励和惩罚都不是外加的，而是行为者本身给行为者造成的精神后果。高尚是对高尚者的最高奖励，卑劣是对卑劣者的最大惩罚。

——周国平

心胸狭窄、自轻自贱的人，早晚会被自己所击倒；而对心往宽处想的人而言，这个世界就没有过不去的坎。

人偶尔会有失意，这是难免的。俗话说：人生不如意事十有八九。如此这样说，人生岂不是尽是伤心事？然而，事实并非如此！有一句话叫"好事多磨"，站在一定的人生高度去观照漫漫前途，我们就会发现，失意也仅仅是人生的小插曲而已，关键是我们应如何面对失意的心态。其实，及时调整，放宽心，努力从得意与失意的反差中走出来，你就会发现，世界处处是阳光灿烂。

大才子苏东坡一生命运多舛。他一生极有才华，却没能够实现自己的宏图壮志，但是因为其阔大的心胸，仍旧能够泛舟赏游赤壁，写下"诵明月之诗，歌窈窕之章"，畅谈人生哲学，留下《赤壁赋》这样的千古名篇。

"下笔秀辞，扬手文飞"的张衡，终生仕途暗淡，"所居之官，辄积年不徙"，但他"从容淡静"，"致思于天文、阴阳、历算"，做浑天仪，造地动仪，令万世敬仰；在"学而优则仕"的古代中国，他并没有取得传统意义上的仕途成功，但他并没有从此丧魂落魄，终究成为历史上光彩夺目的科学家和文学家。

心胸有多广，幸福就有多大。有一则有趣的公益广告：面对在公交车上拥挤的两个人发生口角，一位老人则说道："年轻人，心宽了自然就不挤了。"世界上，比海更宽阔的是天空，比天空更宽广的则是人的心灵。生活无论如何折磨人，如何将你推向一个狭小的空间中，但是人的思维则是不受任何限制的，心灵的视野没有藩篱，来去自如，任你驰骋。

人的内心就像一扇阔门，敞开之后，宽宽大大，什么事情都过得去。然而如果每天把大门关着，或者只是开一道小缝的话，越看越嘀咕，越想越没路，愁事烦事就会堵着你的门。"世上本无事，庸人自扰之。"生活中，很多疾病和烦心事，都是小心眼的庸人自己琢磨出来的。为此，我们要保持和谐的心态，一定要心宽才行。

一本名为《心宽就是福》的书中这样写道：心宽既是一种心理健康的标志，也是人生不可或缺的灵丹妙药。心宽就是福气。心宽了，才能保持精神的愉悦和心理的健康，才能使痛苦与压力远离，让快乐与轻松常伴；心宽了，你才不会向困难与厄运低头，才不会在泥泞荆棘中彷徨，才不会被生活的风风雨雨摧垮。即使命运对你不公，你也能顽强地抗争，拨开阴霾见到晴天，迎来彩虹丽日；心宽了，你才不会被名缰利锁羁绊，才不会为乌纱铜锈折腰，才不会被纷争算计困扰。即使你无官少钱，也能生活得潇洒自在，充分体味人生的快乐；心宽了，你才不会小肚鸡肠地待人，才不会心眼如豆地对事，才不会为鸡毛蒜皮之事而耿耿于怀。即使遇到别人的误解，也能平和看待，坦然处之，最终赢得信任。心宽了，你就能平和豁达，坦荡磊落，从容洒脱，不刻薄，不猜疑，不气恼。即使自己的才能暂时被埋没，也能心情平静，继续奋斗，直至品尝到成功的喜悦。

8. 记住朋友的好，忘记朋友的不好

度尽劫波兄弟在，相逢一笑泯恩仇。

——鲁迅

上述的话，其意思是说，经历劫难之后方能显现出真正的兄弟情谊。两个人若是有仇，见了面笑一笑，拍拍肩膀便可以化解了。这其实是告诉我们：生活中，不要过分与朋友或兄弟记仇，学会忘记对方的不好，记得对方的好，这是获得真诚、友谊、人缘的重要法宝。记住对方的好，就等于记住了一份感动，一份情谊；而忘记对方的不好，就意味着忘记了彼此间不堪重负的伤痛，这是我们获得快乐和幸福的重要原则。

阿里是阿拉伯一位著名的作家，有一次，他与自己的两位好朋友吉伯和马沙一起外出去旅行。

三个人一同经过一处陡峭的山谷时，马沙因为不小心失足滑落，幸而被吉伯拉住，对方使出了浑身的力气，才救了他一命。马沙深受感动，随手就在附近的大石头上面刻下了这样的一行字："某年某月某日，吉伯救了马沙一命。"

三个好朋友又一同向前走。几天后，他们又经过一条河流，吉伯因为一件小事情就与马沙争吵了起来，吉伯当时一气之下，就打了马沙一记耳光。马沙便跑到附近的沙滩上面写下了这样的字："某年某月某日，吉伯打了马沙一耳光。"

当他们旅游回来后，阿里就十分好奇地问自己的朋友马沙道：

"你为什么要将吉伯救自己的事情刻在石头上，而将吉伯打自己的事情写在沙滩上面？"

马沙这样回答："我永远都对吉伯心存感激，他救了我性命，我要让自己永远记住。至于他打我的事情，我只想让它随着沙滩上的字迹一同消失，将它忘得一干二净。"

这个故事告诉我们，牢记别人对你的帮助，牢记生活中的感动，忘记别人对你的不好，忘记过去的伤痛，这样我们才能让自己时常对生活心存感动，才能让自己体味到更多的快乐和满足。

9. 用欣赏的眼光审视别人

我对任何出众的才华无法不持欣赏的态度，哪怕它是在我的敌人身上。

——周国平

宽容别人是一种境界，而欣赏别人则是一种态度。生活中的许多不愉快，都是因为我们对别人太过挑剔造成的：同事的坏习惯让人无法忍受；朋友爱说人是非的毛病令人生厌；孩子贪玩的习性让人心烦……所以，要想祛除这些烦恼，我们就要学会用欣赏的眼光去审视别人。

欣赏是一种理解和沟通，它包含了信任和肯定；欣赏也是一种激励和引导，可以使人扬长避短，健康地成长和进步，它能使人与人之间的关系变得更为和谐，人也只有在相互欣赏中，才能充满爱！

今年36岁的高梅毕业于某所名牌大学，还出国深造过，而且人也长得漂亮，这么好的条件本应该会发展得很好，但是，她参加工作的6年时间中，已经换了3次工作了，每次辞职都是因为与同事合不来。其实，工作单位和待遇都不错，但她总觉得周围的同事太俗气，学历低，没什么素质，她自己从内心总认为他们根本不配与她合作。为此，她自己也十分苦恼。

苦恼归苦恼，还是要好好找份工作安定下来，毕竟经常跳槽还是会影响其自身的职业前途的。这次高梅还特意选择了一家大公司，成为公司生产部门的主管。但是，她做这份工作还不到 4 个月就与同事发生了争吵，在以后的日子中，她与同事的矛盾也是不断。

她与同事莉莎是平级。莉莎是公司的老员工，只有高中学历，是靠十几年的资历才当上生产管理人员的。有一次，高梅因为一个生产计划就与莉莎产生了分歧，两人为此还发生过争吵。在争吵中，高梅口无遮拦，当场就对莉莎说："只有学历低的人才能想得出这么荒谬的方法来！"从此以后，两人的摩擦不断。类似这样的事情，不仅发生在她与莉莎之间，还发生在她与其他同事之间。为此，高梅很是痛苦，自己觉得工作太不顺利了，与同事之间太难合作，心理压力极大。

上述事例中，高梅总是以挑剔和清高的眼光去审视别人，自然极难与同事和谐相处。而如果她能用欣赏的眼光去审视每个同事，那么，情况可能就不同了。

一位哲人说：欣赏别人，就是在美化自己。和谐社会的基础就是让每个人的内心都达到和谐，而内心的自我和谐，发端于欣赏别人，善待别人，因为谁都不可能脱离他人而孤独地生存于这个世界上。

学会欣赏别人其实也是对自我的一种肯定。用一种豁达的心态去分享别人的成功，用一种欣赏的眼光去肯定别人的成功，你的境界由此而会得以提升。懂得欣赏别人，可以使自己的生活变得更为美好，经常赞美别人的人，常常会发现，生活中有太多美好的东西，有太多值得自己欣赏的东西，你的生活，也因此而充满阳光雨露。

当然，欣赏别人，不是廉价的吹捧，也不是无原则的夸奖，也不是投其所好的精神按摩，更不是卑躬屈膝的精神行贿，是建立在客观事实基础之上的真实判断。人与人之间只有以正确的心态去欣赏别人，世界才能充满爱和和谐。

10. 嫉妒是心灵的毒药

越是没有任何成就的人，他就越是嫉妒那些有成就的人，而越是嫉妒，他们就越是不可能取得任何成就。

——北大课堂引用名言

要修炼心灵的宽度，就要摒弃内心的嫉妒。法国作家巴尔扎克说："嫉妒者受的痛苦比任何人遭受的痛苦都更大，他自己的不幸和别人的幸福都使他痛苦万分。"的确如此，不懂得为自己清除心灵的毒素，结果就只能越陷越深，痛苦度日。

一个人，每天都生活在痛苦之中。因为他看到邻居比自己过得好，心里极不舒服。他每天连做梦都希望他的邻居能够倒霉，他总是盼望邻居家着火或者得什么不治之症，或者邻居的儿子夭折……

可是，上天并没有因为他的嫉妒而使他的邻居陷入痛苦之中，反而他的邻居比之前生活得更好了。每当他们碰面的时候，邻居总会微笑着与他打招呼，这个时候，他的内心就更加不痛快了。就这样，他每天不断地折磨自己，身体日渐地消瘦，胸中就像堵了一块大石头，吃不下也睡不着。

有一天，他决定给他的邻居制造点晦气，就去大街上买了一个花圈，偷偷地给邻居家送去。

当他走到邻居家门口时，看到邻居家里围了很多人，还能听到里面有人在哭，此时邻居正好从屋里走出来，看到他送来一个花圈，忙说："你这么快就过来了，谢谢！谢谢！"原来邻居的父亲刚刚去世。而这个人则仍旧活在痛苦当中。他的心灵不断地受到折磨。而邻居却依然如故地过着自己的日子，最后，嫉妒就犹如野草一天天地疯长着，而这个人除了痛苦外则一无所得。

事实上，适度的羡慕完全是可以理解的，但是超过了一定的"度"，就势必会给生活带来危害。有了嫉妒心，说明自己看到了和别人的差距，也说明自己不甘于这一差距，有上进之心，不甘于落后于人。但是，若无法把握好羡慕的"度"，就会迷失自己。

刘蕾是某名牌大学文学系的研究生，因为家庭条件不好，从小就有自卑心理。尽管在升学的道路上一帆风顺，但她性格孤僻而且爱嫉妒他人。读研究生的时候，她学习很是刻苦，这种精神赢得了导师的喜爱和器重，但是导师更喜欢另一位女生的幽默和灵活。这让刘蕾感到很不舒服，她觉得那个女生并不如自己，于是有好几次都在导师面前中伤那位女生，说她为人不好等等。

然而，导师查明之后，却发现很多事情都是子虚乌有。为此，导师委婉地批评了刘蕾。她并没有虚心接受批评，反倒认为自己的导师势力，总觉得是自己的同学因为家境好，经常私下给导师送礼，所以才深得导师的喜爱。

这些事让刘蕾的心里越发觉得不平衡，最后她在和导师独谈的时候用水果刀刺伤了导师，随后又举刀自尽，结束了自己年轻的生命。

一个如花的生命在嫉妒中彻底地毁灭了，这不能不令人感叹，而在感叹之余我们也不得不承认，人一旦陷入了强烈的嫉妒之中，就会不顾一切，甚至做出丧失理智的行为。诽谤和中伤是嫉妒之人的生活方式，而在这种嫉妒中，他们也会渐渐忘记自己活着的目的，不记得自己要做什么，生活的重心只围绕着不让他人做什么；他们不是为了自己要做出成绩，只是不想让他人做出成绩。

嫉妒是潜藏在心里的毒，它会腐蚀人的心灵，让人变得狭隘、自私。嫉妒的人总喜欢拿别人的优点来折磨自己。这种嫉妒不会让他想到自己该如何改变，只会让他备受折磨，为了寻求心理上的平衡，他会设法去贬低对方，甚至设置陷阱坑害对方，最终让他人和自己都受到伤害。

请善待自己吧，把嫉妒从心里赶走。永远不要笑话那些不如自己的人，永远不要轻视那些与自己平行的人，永远也不要攻击那些超越自己的人。当别人不如自己或是遇到了困难的时候，尽自己最大的能力去帮助对方进步、渡过难关；当别人追赶上了自己，并且有希望超越自己的时候，尽量帮助对方达成目标；当别人青云直上、超越自己的时候，给予对方最真诚的祝福，同时付出更多的努力奋起直追。

查普曼说："嫉妒犹如一只苍蝇，经过身体的一切健康部分，而停止在创伤的地方。"抛开嫉妒，避开那些会让自己疼痛的伤口，人生有许多美好，每个人也都有其独特的亮点，拥抱自己，体悟自己的美丽，你就是最幸福的人。

11. 拥有高山一样的气度

鱼龙混杂，粗枝烂叶，那才是江，那才是海，那才是湖。

——北大课程理念

关于修炼内心的宽容度，叶舟先生曾有这样一番见解：曾经游过许多名山大川，无不对大海高山的博大佩服得五体投地。我想，人生智慧也一样，一个人的财富和命运绝不会超过他的思维宽度。一个没有宽度的人，必然是一个冲突不断、心烦意乱的人。大海之所以博大，就是因为它从不拒绝从四面八方奔流而来的各种水流，这些水流有的浑浊，有的肮脏，有的臭不可闻，有的还有剧毒，但是这对大海来说，都不要紧。如此博大的胸襟，自然造就的是大海，而绝不是小溪沟，更不是清水澡堂。水至清则无鱼，人至察则无徒。一个人只有宽容一切，他才会博大，才会丰富多彩。高山之所以高大，是因为它从来不拒绝小草的低矮、泥土的肮脏、丛林的杂乱、顽石的丑陋。如果我们将石头搬走了，泥土冲刷了，丛林吹掉了，那么，高山还会成为高山吗？

他的这番话，其实是告诉我们，要拥有高山一样的气度，要胸怀宽阔、豁达大度，这是成就大事的基础。

大度的人能够宽容地接纳别人的错误，能够客观地面对别人提出的问题，还能够不计前嫌地任人唯贤，这些品质常常能够引得贤人的相助，帮助自己成就大事。

齐桓公是春秋五霸之一，是历史上一位明君，除了能礼待管仲外，还因为其礼贤下士而深得人心，为他的霸业一步步奠定了坚实的基础。

有一次，齐桓公听说一位叫稷的人，很有才华，便想向他请教天下大成之事，便去拜见这个名叫稷的小臣。但是一天到家里三次，都没到见到稷。

当他第四次去拜访稷的时候，跟随齐桓公的侍从们都不耐烦了，他们说："您贵为万乘之君，去会见这么一个小小的官吏，一天之内来了三趟都还没见到。不如算了吧，而且他也不见得有什么了不起的才能。"

齐桓公回答道："那怎么行呢？蔑视爵位俸禄的臣子，必然也会轻视他的君主；而蔑视霸业的君主，也一定会轻视他的臣子。纵然稷可以蔑视爵位俸禄，我哪敢轻视霸业呢？"侍从们听后，都暗自佩服齐桓公的宽阔胸襟和谦恭待人的高贵品格，都不再多说什么了。

就这样，齐桓公锲而不舍地连续五次拜访后，最终见到了稷，虚心向他请教霸业的事情。稷得知齐桓公已五次来访，倍受感动，与齐桓公促膝长谈。齐桓公受益匪浅，由此而治理国家，使齐国很快走上兴旺发达之路。

齐桓公身为一国之君主，为求教霸业之事，不计身份五次拜见布衣之士，不厌其烦，最终得见，足见其为实现称雄诸侯的千秋伟业的气魄，以及礼贤下士、谦恭待士的心胸气度。

一个成就大事业的人，面对挑剔甚至嘲笑，不会全然去理会，因为他们心中装的是大事，不会为这些鸡毛蒜皮的小事过于斤斤计较。

爱一个值得爱的人，是一件容易而且愉快的事；恨一个令人憎恨的人，也并非难事。难的是如何去"爱"我们不喜欢或不喜欢我们的人，这就需要我们内心有足够的容度，谦恭地去接纳并宽容对方，化敌为友，为自己赢得更多的人缘和更多人的相助，从而成就一番大事业。

12. 最大的"争"便是不争

用人所长必容人所短；用人所长，天下无不用之人；用人所短，天下无可用之人。

——北大课程理念

中国有句古话：争是不争，不争是争。其实是告诉我们，处事争先看似主动，其实则是非常被动的。因为你在争的过程中，个人意图和行为太过明显。别人对你所做的事情都一清二楚，最终成为众矢之的，最终什么都没争到。如果你懂得适时退步，暂时不争，让人觉得你是个谦虚、低调之人，往往能获得多数人的支持，最终便容易获得成功。

其实，目光真正长远的人，不会计较一时的长短，他们会进退有度，有时候需要高歌猛进，有时候则是需要暂时退让，以退为进，达到最终的目的。

汉朝张良的祖父、父亲都曾做过当时韩国的相国。秦国灭了韩国后，张良变卖了自己的所有家产，用来收买刺客，为韩国报仇。结果行刺失败，张良不得不改名换姓，逃亡到下邳。

因为国破家亡，张良很是难过。于是，他经常到附近去散步。有一天，他闲逛漫步，走到一座桥上，迎面走来一个穿粗布短衣的老者。张良谦虚有礼，侧身让老者先过，没想到老者走到张良面前，竟然将自己的鞋子丢到桥下面。还命令张良道："小子，去把我的鞋子取上来。"

张良气愤难当，正扭头想走。但是又看到老者一大把年纪，于是就想做一次好事，走到桥下面把鞋子捡了上来。张良正要把鞋子递给老者，老者却说："既然捡上来了，就给我穿上吧。"张良听了更为气愤，但是又转念一想，好人就做到底吧。于是，他就跪着替老者把鞋子穿好了。

老者穿上了鞋，笑了笑，抬腿就走了。可是还没走多远，他又拐了回来，对张良说："孺子可教也，5 天后的早上，还在这里会面。"

张良心中感觉莫名其妙，但是却没多想，便满口答应了。5 天之后，天刚亮，张良来到桥上，没想到老者来得比他还早。见到张良，老者很是生气地指责他说："与长者相约，你怎么能迟到呢，5 天后，早点过来吧。"

又过了 5 天，张良又前往赴约，这次他来得比上次早多了，可等他赶到桥上时，老者又站在桥上等他。老者生气地说："你的架子好大啊，又迟到了，过5天再来。"

5天后张良半夜就出发了，终于赶在老者的前面到了桥上。老者来了以后显得很高兴，笑眯眯地说："这次没有失约，这样才能够成大事呢！"说完，老者送给张良一本书，让他回去苦读十年。

这本书就是兵家奇书《素书》。此后，张良苦读这部兵书，终于成为一代杰出的军事家，作为刘邦的重要谋士，为汉室江山立下了汗马功劳。

张良因为懂得忍让，该退的时候懂得退让，不仅帮老者捡了鞋子，还三番五次地去赴约，可以说，他退让了好几次。正因为他知轻重，懂进退，才练就了一身外软里硬的功夫，从而帮他成就了一番大事业。

一个愚者是不懂得退让和忍让的，因为他们外表强硬，总是患得患失，而那些高瞻远瞩的有志之士，懂得退一步给自己带来的好处，所以便会欣然后退，甚至一退再退。所以，要成就大事业，就一定要树立一个良好的心态，学会从退一步开始，然后走向最终的成功。

有道是"有所为，有所不为"，让步其实只是暂时的退却，为了进一尺，有时候就必须先做出退一寸的忍让。切记"两虎相争，必有一伤"的古训，只一步之退，便可海阔天空。

13. 用弯腰去换取昂头的机会

最大的自私就是无私。

——北大课程理念

刘杭是北京一家上市公司的老总，腰缠万贯。他很久都没有坐过公交车了。有一天，他突发奇想，很想体验一下普通百姓的生活。他投了币，找到一个靠窗的座位坐了下来。他十分好奇地打量着身边的人，他的前面是个怀孕的妇女，他的身后是上了年纪的老人，这些普普通通的人，每天挤着公共汽车，日子虽然过得清苦，但是依然很快乐。

他的对面有一个漂亮的女人，他可以近距离地欣赏。车子一下子到了站，上来的人渐渐地多了，美女也被人遮住了。刘杭看不到她，就慢慢地闭上了眼睛，回味着那女人的曼妙风情。

忽然间，一个尖利的声音向他袭来："你怎么不能让个座啊？一个大男人，没看到旁边有抱小孩的女士吗？有没有素质！"他睁开眼睛一看，看到一个妇女抱着一个婴儿，站在他的面前。而那个发出尖叫声的女孩继续对着发愣的他吼道："往哪里瞅呢，说的就是你！"全车的人都往他这里望过来，刘杭的脸一下子红了。他赶忙站了起来，将座位让给了那个抱小孩的妇女。在下一站，他气愤地逃下了车。万万没有想到自己会出这么大的丑，下车之前，他狠狠地看了一眼那个牙尖嘴利的丑女孩，恨得咬牙切齿。

随后，刘杭的公司要招聘，在面试的最后一关，他亲自把关。他见到了一个面熟的人，正是公交车上对他厉声厉气的丑女孩，那个让他出丑的女孩。不是冤家不聚头，他在心里暗暗得意，终于有报复她的机会了。

女孩也认出了刘杭，神情顿时显得有些紧张，额头上渗出了汗水。

"你把每个面试官的鞋都擦一遍，你就可以被录用了。"刘杭对她说。她站在那里，犹豫了许久，家里的经济已经全线告急，这个岗位也是她渴望已久的。尽管自己有学历、有能力，但因为长得丑，许多公司都将之拒之门外。现在，机会就摆在她的面前，只要她能够放下自尊，为他们擦一次皮鞋。可是，她又怎么可能用自己的尊严去交换呢？

刘杭在心里断定这个女孩不会屈尊的，于是便继续"复仇"似的催促着她，没想到她竟然同意了。她拿来鞋刷子，蹲下来，开始为面试官们擦鞋。他十分得意地想，你不是很厉害吗？怎么没动静了。轮到刘杭了，他还故意跷起二郎腿，想故意让她难堪。

忽然，他觉得自己有些过分了，女孩在车上虽然伤害了他，但是本质上却是为了做好事。有点侠义风范呢。他向下属要来她的档案，她的笔试成绩是第一名，遥遥领先于后面的人。以各方面来看，女孩都是出色的。再说，自己也总不能在众人面前食言吧。

于是，在她给几个考官擦完鞋子后，他当众宣布，她被录用了。

她并没有显得过于兴奋，只是微微地向众考官们道了声"谢谢"。然后一字一顿地说："算上您，我一共擦了5双鞋子，每双2元钱，请您付给我10元钱。然后，我会过来上班。"

刘杭无论如何也没有想到这个女孩会这样说。但是他的宣布决定无法再更改。他只好很不情愿地给了她10元钱。更出乎人意料的是，女孩拿着这10元钱，走到公司门口一个捡垃圾的老人身边，把10元钱送给了老人。

有些灵魂注定是高贵的，无论命运将它拿捏得如何卑微，就像这位女孩一般，虽然她的尊严严重地受到了伤害，但她却给它找到了一个高贵的出口。

从此之后，他对这个长相丑陋的女孩刮目相看。事实上，女孩在日后的工作中，确实表现得十分出色，业绩出众，替公司完成了常人无法完成的工作任务。

有一天，刘杭忍不住问她说："当初那样为难你，难道你的心里没有怨言吗？"

这位女孩答非所问："我弯下腰，只为了换一个可以昂起头的机会。"

这个故事给我们这样的启示：低下头需要的是勇气，抬起头需要实力！当遇到阻碍时，就要学会低头，学会忍耐，学会弯腰，这是一种处事的态度，也是一个人能否取得成就的标志。

一个有所历练、有丰富社会经历的人是懂得何时应该"屈"，何时应该"伸"的。只有懂得"屈"的人，才能有机会"伸"。勾践的卧薪尝胆，才成就了他日后的伟业，韩信的胯下之辱，才使得他日后成为一名有所作为的大将军。诚然，忍耐和低头是痛苦的，但正因为这种忍耐，才为今后的人生铸造了一副坚实的盾牌。暂时的低头或弯腰不是一种妥协，也并不是放弃，而是一种迂回之术，是为今后的灿烂锦上添花的一种铺垫。所以，当生活中遭遇险阻的时候，我们要学会低头，懂得弯腰，以使自己的人生之路更为顺畅。

14. 坐得住"冷板凳"

每一个不断忍耐的结果，便是怨气郁结，有机会便发无名火，于是又成了别人必须忍耐的一个对象。

——周国平

要修炼心的容度，就要学会耐得住寂寞，忍得住煎熬。每个人都期望自己能够早日"功成名就"，但是成功的机遇并非经常出现，它就像黑夜中一闪而过的流星一般，是可遇不可求的。机遇出现之前，就需要有"十年寒窗无人问"的努力。

每个成功的人，都是从忍耐开始的。人在默默无名的时候，就需要耐得住寂寞，要放低姿态，平和心情，等待或者寻找机会，要有把冷板凳坐热的耐心。

高敏毕业于北京一所著名的大学，在一家贸易公司做职员。她的知识很扎实，本身非常有才学，而且人长得也很是漂亮。进公司没多久，人际关系也处理得很好，深得同事的喜爱。

但不知为何，她到公司一年了，老板从未过问过她的情况，也不把公司重要的工作交给她，更没有与她有过什么沟通。每天只是让她做一些无足轻重的事情，对于公司来说，她简直就是可有可无。

受到这样的"冷遇"，高敏并没有怨天尤人，更没有因为自己是专业上的高材生，就向领导讨说法，而是自认为自己业务还不精通，坐"冷板凳"是应该的，带着这样的心态，她埋头苦干。

一年后，老板终于找她谈话了，肯定了她在这一年中的工作业绩和工作态度，然后依据她的实际能力晋升了她的职位。她的耐心终于得到了回报。

高敏的经历告诉我们，坚持就是胜利。在成功前，没有坐"冷板凳"的耐心，就不可能获得机会。

人生的很多机会都是熬出来的，机会出现之前都是一段磨人难熬的日子。坐"冷板凳"是必须的，也是必要的。"冷板凳"就是我们给自己充电，可以有很多时间完善自己，补充自己。只有拥有将"冷板凳"坐热的耐心，将来才有可能做大事情。

心中有剑，可以伤人于无形。同样，心中有梦想，便能不顾"冷热之凳"。能长久如一日地坐在寂寞之上，只因心无旁骛，专注于长志。肯坐冷板凳的人多数都有着强烈的社会责任感，不计较一时得失，而看重长远的事业。坐冷板凳并不代表是赋闲，相反是在潜心修炼，默默积蓄。一旦时机成熟，定会龙卷风云。

15. 糊涂是一种智慧

　　人活着，聪明也好，愚蠢也罢；有才也好，无才也罢，重要的是要有一颗"宽容的心"，人生自然就会多出诸多的快乐来。

——北大课堂引用名言

　　清朝名士郑板桥有一句话："聪明难，糊涂亦难，由聪明而转入糊涂更难。放一着，退一步，当下心安，非图后来福报也。"意思是说，那些绝顶聪明的人，不会去故意装糊涂，而是将自己聪明的锋芒收敛起来，让自己糊涂起来，这是非常难以做到的。

　　春秋时期卫国有个有名的大夫叫宁武子，一生辅持了卫文公和卫成公两代君王。

　　在卫文公时，国家政治极为清明，社会安定。这时候，宁武子表现出了超人的智慧与能力，几乎已经成为当时卫国的"第一聪明之人"。然后，到卫成公的时候，国家政治黑暗，社会混乱。宁武子作为当朝大夫，则表现得异常愚蠢鲁钝，好似自己什么都不知道，看上去像个"白痴"一样。不过，就是这个前朝聪明、后朝糊涂的人，则是安然地过完了自己的一生。

　　其实，他后面的糊涂都是装出来的，不是真正的糊涂。

　　糊涂是一种忍让，是一种大度和宽容。生活中，不要对事斤斤计较，应该做到该忍则忍，能忍则忍。有时候，睁一只眼闭一只眼会避免诸多的麻烦，这能够赢得良好的人际关系。正所谓，人生难得是糊涂。

　　有时候时机不利于自己，硬碰硬又起不到好的效果，就只有动动脑筋，用装糊涂的办法来解决了。这是一种很明智的办法，既可以保全自己，也可以伺机而动。因此很多时候，"装糊涂"要比"装聪明"聪明得多。

糊涂是人与人交往的润滑剂，可以让别人消除对自己的距离感，让自己变得更亲切。有时候，糊涂是做事情时的小窍门。过分地较真，过于追求完美，有时候反而会适得其反。糊涂可以让我们置身事外的去分析问题，解决问题。这种糊涂不是无知或是不明白，更多的是一种大彻大悟的理解，是一种大智慧。

16. 爱情就是相互间的依赖和纠缠

好的爱情有韧性，拉得开，但又扯不断。相爱者互不束缚对方，是他们对爱情有信心的表现。谁也不限制谁，到头来仍然是谁也离不开谁，这才是真爱。

——周国平

爱情就是相互间的依赖和纠缠，唯有如此，相互间才能亲密无间。

刚刚结婚时，他们收入都不高，过着十分清贫的日子。一间租来的小屋，仅仅只有 10 平方米的小空间，被一个简单的衣柜隔开，前面只是煤炉案板组成的临时的厨房，后面则是一桌一床，算是他们甜蜜的小卧室。

床是硬板床，因为空间太小，所以只有一米宽。一个人睡都不太宽绰，两个人睡在一起，几乎翻不了身。每一天晚上，她都会像只小猫一样蜷缩在他的怀中，贴着他宽阔的胸膛，感受着他热烈的心跳，呼吸着他温暖的气息，她觉得满屋子都飘着幸福的味道。而他则总是紧紧地抱着她，像要把她的骨头揉碎了一般，是无尽的呵护与疼惜。

那样的夜晚，她经常做甜蜜的梦，就像春天里的花儿，绽放着灿烂的娇颜。他说，等将来我有了钱，一定给你买大房子。她还兴奋地说：我们把每个房间都放上大而柔软的床，想睡在哪儿就睡哪儿，想怎么睡就怎么睡……

他们俩共用一台电脑。他要炒股票，她要写稿。两人总是会争着用电脑，他的股票该卖了，编辑催她的稿子了。他们俩经常挤在一起，将屏幕的窗口缩小一半，再各自错开。一个人看股票行情，另一个人则在文档上打字。他的股票涨了，她就跟着欢呼雀跃；她写出动情的文字，他也会跟着击掌赞赏。在空闲的时候，他们俩就一起在电脑上玩游戏，头挨头，手握手，齐心协力，或者会从电脑上面下载大片，她就安静地靠在他的怀中，看得泪眼婆娑。

他们共骑一辆自行车。尽管两人在城市的一南一北，但他却仍旧坚持每天早晨骑车先送她上班。然后再穿过大半个城市去自己的单位上班。晚上下班之后，他又会重复同样的路线，去接她回来。虽然要绕极远的路，但对于相爱的他们来说，所有的距离都是美景。街头的蛋糕店中有她最喜爱的芝士蛋糕，路南的农贸市场门口有他喜欢的糖炒栗子，街心花园是他们经常逗留的地方，他们经常傻傻呆呆地看着情侣手拉手散步，老人慢悠悠地打太极……他在前面慢慢地骑着，而她在后面会揽着他的腰，忽然也会跷起双腿，自行车清脆的铃声一路叮叮当当地响过，仿佛是幸福在唱歌。

到后来，他们的收入高了，终于有了属于自己的大房子，在房间中放着两米宽的大床。宽阔舒展的大床，可以随心所欲地翻身。每天晚上，他们一人一床被子，各自守着属于自己的城池。有时候，她很想靠着他的胳膊撒撒娇，而他却会毫不留情地推开她，埋怨道："你已经压得我喘不过气来了，如此宽的床怎么还不够你睡啊？"而她却只好悻悻地挪到自己的那半边，床中间空出一大片来，仿佛是无法逾越的天堑。

再后来，他们的事业越做越大，经济条件好了之后，就马上买了一台笔记本电脑。新的电脑就放在卧室中，两人一个在书房中，一个却在卧室中。他可以随心所欲地玩游戏，看股票，而她则可以自由地写白天未完成的稿子、逛网店，没有争执，没有嬉闹，相互间也没有任何的抱怨。她闲下来的时候，很想找他一起分享快乐，而得到的却只是冰冷冷的一个背影或者是QQ上一句短促的"我要处理很多事情呢"。两人虽然同在一个房子中，但是她感到从一个房间到另一个房间的距离真是太过遥远了。

再后来，他们买了车。但是他实在是太忙碌了，再也没有时间接她上下班了。突然有一天下了大雨，她下班后没打到车，回到家后却淋成了落汤鸡。她对他抱怨，而他却只是轻描淡写地说："我没有时间去接你，不然，明天你自己去挑一辆车吧，这样彼此都方便一些！"她顿时无言，想起了当年在自行车上的美好时光，泪流满面。

究竟是谁拉开了心与心的距离？究竟是谁给我们的爱情留下了缝隙？是岁月？是越来越富足无忧的生活？还是我们日渐冷漠、冰冷的内心呢？其实，幸福不在于你的房子有多大，而在于房子中的笑声有多甜；幸福不是你开的车有多豪华，而是车能给彼此带来多大的快乐；幸福不是你一定要拥有什么，而是珍惜当下所拥有的。婚姻中，一些事情是一定要一起做的，有些距离是不能拉开的，他和她之间的距离，不是床、车和电脑的问题，而是日渐冷漠的心。很多时候，爱只能在相互间的纠缠，相互间的依赖中，才能亲密无间。

第 8 章

心的顺度修炼课

1. "不顺眼和不顺心"源自什么

看别人不顺眼，是自己的修养不够。

——北大课程引用名言

叶舟先生在其著作《北大教授谈修心》中分析了人不顺心和不顺眼的原因，描述得很是精彩：保守的人看到穿着时尚、发型怪异的人就不习惯，年轻人对那些思想老旧的人也不感冒，他们彼此都对对方看不顺眼，心里别扭。年轻人办事多热情而冲动，他们十分不满意四平八稳的办事方式，反过来也一样，中老年人对年轻人办事毛毛躁躁多有微词。

不顺是一种生活中的常态，对许多人来说，无论走到哪里，无论遇到谁，无论看到什么事，都会觉得这不称心那不如意。

这是什么原因造成的呢？是内在的批判造成的，是由内在的观点造成的。因此，你要想真正的安宁和谐，你就必须改变你的内心，就必须修正你的内心，从而使身心保持统一，那样才会顺应一切。

在有为的世界里，一定有冲突。因为在有为的世界里人人都想有为，而往往你的能力有限，智力有限，因此，在有为的世界里你一定会有许多做不到，或者无能为力，或者力不从心的事。一旦出现这种局面，你就会烦乱、苦闷，就没有好心情。

因此，与其解决不了问题，与其与现实冲突，倒不如退而求其次——顺着它，依着它。

叶舟先生其实是告诉我们，看别人不顺眼和不顺心，进而产生苦闷、痛苦，都是因为我们的内心造成的。要消除生活中这些苦闷，首先要修炼内心的顺度。

随着现代生活压力的增大，不顺的人越来越多。在家里，我们常与父母、孩子对抗，甚至与丈夫或妻子对抗、闹别扭；在单位，为一点小事经常与同事对抗、闹矛盾，与领导对抗；在社交场合，与朋友为一件小事争得面红耳赤；在市场，买卖双方因为价格而争辩……可以说，对抗无处不在，无时不在。

其实，我们之所以会与别人对抗，起冲突，主要是我们想向对方炫耀：炫耀自己并不比对方弱，想让对方知道自己很强大，不是好惹的。于是，就会与对方发生口舌之争，与对方激辩，如此这样，恰恰证明了你的弱小，而那些真正强大的人，面对各种纷争，会保持淡定，不为外界的一切所左右。认清了这个事实，那么，再与他人发生冲突的时候，就让对方赢。最终你会发现，你因为忍让而能成为真正的"赢家"，对方会因为沉不住气而成为最终的"输家"。

2. 苦的根源在于心中永远装着"我"

一切的痛苦，一切的苦根都只因为只有"我"。"我"便成了快乐人生、幸福人生的第一障碍。

——北大课堂引用名言

生活中，我们之所以痛苦，就在于心中永远装着一个"我"。我们一切行为的目的都是为了"我"，为了满足"我"的精神需求和物质需求等，最终将自己拖入永久的苦痛之中，无法自拔。

其实，人自来到世间的第一天，就开始学习一个字——"我"。慢慢地，我们懂得了"我"和"他人"的分别，知道了二者的不同，于是我们便开始界定那些属于"我"的东西。

"我的"爸爸、妈妈，他们爱别人不能超过爱我；这是"我的"玩具，其他人不能随便玩；这是"我的"老师，不允许他特别地欣赏别人，一定要欣赏我；这是"我的"朋友，一定要对我够义气、讲信用；这是"我的"孩子，一定要听我的话……于是，我们的一切行为和思想，都是紧紧围绕"我的"展开，于是，我们经常会以"我的"的名义去要求别人，甚至是控制别人，于是，嫉妒、仇恨、贪婪、背叛、吵闹、纠纷，乃至战争就开始了。

重庆罗汉寺前任方丈——竺霞老法师说，修佛的主要目的就是要破一个"我"字。

其实，人生没有那么痛苦，我们之所以会痛苦，就在于那个原要被我们格外珍惜、呵护、讨好到骨子里的"我"是插到我们生命的深处的毒箭，因为有了"我"，一切都变得不可理解，人生除了不断讨好浅层或者是深层的自我，似乎再没有别的出路。

　　然而，有人可能会说，如果再没有属于"我的"东西，这个世界还有什么可以留恋的呢？

　　但是，你要明白，当拥有了这些东西的时候，我们拥有的时间是多长？可能会很快地消失，也可能会慢点儿，但总是会消失，或者在你之后消失。那么，当你真正知道它一定要消失，无法抓住的时候，现在又何必一定要给其贴上"我的"标签呢？当你原本就不曾拥有这些东西的时候还会有今天的痛苦和困惑么？世间只有因缘是永恒的，你种下什么因，就会结什么果，种下善因，结下善果！

　　生活中，你的多数的烦恼、失落或者痛苦，皆源于把"我"与"我的"抓得太紧，试着放下，你便能感受到快乐和自由。就像一条健康的鱼一般，它不懂得自己会游泳，于是就拼命地抱着救生圈，以为这个救生圈就是它的一切，鱼儿哪里知道：丢了救生圈，它才能获得绝对的自由。

　　当我们不再以"我"为出发点去审视万事万物，你就会发现世界上的所有事物都是美好的，如此可爱和平等。要知道，世界的一切事物都不需要用"我的"来描一道败笔的，只有嫉妒、仇恨、争执、傲慢、背叛、战争才需要"我的"来做调料。

　　当你感到失去的痛苦时，可以想想：那个失去的真的应该是"我的"吗？他会永恒地成为"我的"吗？我的快乐一定需要这个条件吗？当我们不再以"我一定要拥有他"为出发点，那么，你将会获得意想不到的快乐和幸福。

　　生活中，我们如果能时时放下"我"，不在潜意识里想着：我要快乐，我不要痛苦，或者是我要得到这个就好了，那个是属于我的。那么，你的人生便处处充满了意外的惊喜，你的每一天都是全新的一天，没有哪朵花不值得你珍惜，没有哪个人不值得你等待，没有哪句话不值得你思索，没有哪件事不值得你感激。

3. 和谐婚姻的法门：忘记"他（她）是我的"

要知道，生命总是反向运作的，你要让自己快乐，你就得先接受别人的快乐。你只有走出小我，走向他人时，你才会有真正的快乐。

——北大课堂引用名言

今年35岁的刘茵是个普通的女人，她的丈夫张俊倒是一家集团公司的总裁，拥有上千万资产，而且长相帅气，知识渊博，为人风趣幽默，再加上他事业越做越大，周围自然有很多女人围着他转。经常会有漂亮的女人给他发暧昧短信，甚至有女人直截了当向他表白。然而，刘茵却从来不害怕失去丈夫，反倒是丈夫张俊变得唯恐失去她，费尽心机地讨好她，这背后究竟有着怎样的故事呢？

大多数女人在丈夫长年不在家，又疏于跟她联系时，便会感到寂寞、孤独，而刘茵却把自己一个人的生活打理得有声有色。

她一个人在家时，就会安静地看书，有时会流连美味的餐厅，也会在路边咖啡厅静坐良久，看街上的人来人往。

刘茵有许多男性朋友，有企业家、社会名流、文化精英，她经常与这些男性朋友喝茶聊天。这增长了她的见识和智慧。她知道，这些男人有情趣，有内涵，就像肥沃的土壤一般滋养着她。

另外，在闲暇时间，刘茵还经常一个人背着包，去很远的地方旅游。她哪儿都想去，哪儿都敢去。人生地不熟，语言不通，都不怕！旅行大大增长了她的见识和智慧。

很多人曾问刘茵："你难道不害怕有一天你的男人会被别的女人抢走吗？"她答道："他从来就不是'我的'，他是他自己的。如果他一直都能爱我，我当然会高兴，如果有一天，他真的要跟我离婚，我也应该高兴，因为我不用同一个不愿和我在一起的人生活。"

有一次，曾经有一位漂亮的女人直接向刘茵发起了挑战，那是一个漂亮而时尚的女人。她打电话给刘茵说："我爱上了你的丈夫。"别的女人听到这话可能会气得咬牙切齿，刘茵却笑着说："谢谢你欣赏我的男人。"当张俊回来时，刘茵却直奔上去，搂着他的脖子说："老公你太棒了，刚才有个女人打电话来说爱上你了。"她压根儿就没把这件事情当一回事儿。

刘茵和张俊结婚12年了，在这个婚姻无比脆弱的年代，他们依然恩爱如初。许多女人都羡慕刘茵，说她找到了一个好男人。而刘茵则毫不谦虚地说，是张俊运气好，能娶到她这样的优秀女人。大多数女人结婚是为了找个男人来依附，使自己的人生更完整。而刘茵却说，婚姻的目的并不是找一个能令我完整的男人，而是找一个可以与他分享我的完整的男人。

故事中的刘茵是智慧的，她的婚姻之所以能长久地维持和谐，最主要的原因是她从不把老公当老公看，不认为老公是"我的"，总是以欣赏的眼光去对待对方，同时，在独处的时候也能经营好自己，最终才获得了对方的尊重和爱恋。

生活中，多数夫妻彼此都无法忘记对方是"我的"，认为其一切都是独属于自己的，不可侵犯的。只要对方被别人惦记上，便会与其大吵大闹，最终伤了和气、和谐。事实上，在两性关系中，一旦我们觉得谁属于我们，就很容易失去对他的尊敬和礼貌。随之而来的反应就会是去告诉他，他应该做些什么，应该怎么去生活；更有甚者，会认为他就应该听从我的指使。只要你认为你的伴侣为你付出是理所当然的，这样的婚姻都不会长久，因为没有人喜欢被别人控制。

为此，要想使婚姻长久地保持和谐，一定要忘记对方是"我

的"，以一颗平常心去对待对方，学会以朋友的眼光去欣赏对方，这
是保持长久婚姻之道的良方。

4. 让生活多些接受，少些拒绝

你要拥有快乐，就要学会接受。别人骂你，这是一个悲剧，你
若反击，那只能造成更大的悲剧，于你什么好处都没有。此时，你
唯一要做的就是接受。有人说回避是一种不错的方法，这是不对的，
回避并不表示你的接受，那只表示你的无能。因此，只有正面接受，
你才有可能找到喜剧。

——北大课堂引用名言

张欣与丈夫离婚 3 年了，张欣一人带着 12 岁的儿子小涛，很是
辛苦。于是，张欣一直想给小涛找个爸爸。

一天回家，小涛看到妈妈和另一个男人在一起，他十分恼火，
摔门而去。从此之后，小涛与妈妈之间的冲突不断。小涛为何会拒
绝？是因为他有了先入为主的观念，认为妈妈应该是属于"爸爸"
的，他才会当场拒绝。

后来，小涛知道了实情：爸爸已经和妈妈离婚了，爸爸已经结
婚了，他觉得妈妈孤苦无依的，也应该另外找一个男人。这个时候，
小涛再一次看到妈妈和那位男人在一起的时候，他也不再感到愤怒
了。因为他已经认识到妈妈不属于爸爸了。

小涛刚开始与妈妈发生冲突，主要是他内心在拒绝妈妈与另外
一个男人在交往。后来，他接受了这件事情，那么，他与妈妈自然
就和谐相处了。

拒绝是地狱里的一间办公室。生活中，与他人交往，我们都习

惯于拒绝，于是，嫉妒、争吵、冲突、烦恼便发生了。人与人之间的相处，只有相互接受，才能不对抗，才能和谐相处，不至于冲突不断，悲剧连连。

其实，所有敌对的开始就是一切悲剧的开始，无论任何时候，你在必须面对的时候，你所选择的态度，实际上已经决定了整件事情的走向和结局。包容和接纳会是祥和跟喜剧，挑剔和敌对就一定会是吵闹和悲剧。既然我们已经知道了结果是什么样，那为何不选择一个好的开始呢？

生活中，我们与他人交往的时候，唯有懂得接纳对方的一切，懂得退让，方能和谐相处。生活中，一切的拒绝都是可悲的，是愚蠢的，拒绝只可能导致悲剧。只有接受，才是智慧的，才能回避悲剧，才能从悲剧中找到喜剧。

诸多事情我们无法改变其原因，一旦结果产生，我们唯一能做的就是接受。拒绝不了的东西，你强行去拒绝就会把问题搞僵，有时还会导致下不了台、收不了场的局面，再说强行拒绝对双方都是痛苦的。因此，解决拒绝的最有效的方法便是接受。

5. 随心，随性，随意

随，不是跟随，是顺其自然，不怨怼，不躁进，不过度，不强求。随，不是随便，是把握机缘，不悲观，不刻板，不慌乱，不忘形。随，是一种达观，一种洒脱，一份人生的成熟，一份人情的达练。

——北大课程引用名言

弘一大师说："恬淡是养心第一法。"这里的恬淡即是恬静淡泊。

其实，养心最为重要的就是让心处于一个极为平静的状态之中，波澜不惊。心里想怎么样，就去怎么样行动，就像小草自然地发芽、生长一样；就像小鸟在天空中自由地飞翔一样，不用受尘世的任何束缚和约束。不必为了得到别人的赞美而去故意做作，不必为了满足内心的物欲而给自己的心灵套上枷锁，不必为了显示自己的威严而在孩子面前故作严肃、深沉……也就是告诉人们根据内心的想法去支配自己的行为的一种生活方式。当一个人处于恬静淡泊的状态的时候，那么，他的内心就一定是宁静的、惬意的、自在的。

一天，一个小和尚看到寺院的后院中有一片草地很是枯黄。于是就对寺院方丈说道："我们可以撒些草籽上去，这草地太过难看了。"

"不用着急，等你什么时候闲下来了，可以种上去一些，草籽什么时候都能撒。"方丈说道。

冬天过去后，方丈就送给小和尚一些草籽，交与小和尚说道："去吧，把草籽撒在地上面。"小和尚愉快地答应了。

一天，寺院中起风了，地上的草籽被风吹得满地都是，小和尚很是着急："怎么办呢，许多草籽都被风吹走了！"

方丈说："没关系，吹走的多半是空的，撒下了也发不了芽，你担心什么呢？随性！"

就在这时候，一群小鸟飞来了，又把刚刚撒在地上的草籽吃了，小和尚惊慌地跟方丈说道："不好了，草籽都被小鸟吃了！"

方丈不慌不忙地说道："没关系，草籽多，小鸟是吃不完的，你就放心吧，过不了多久，这里一定有小草！"

小和尚对方丈的态度很不满意，晚上睡在床上想，这些草能不能活下去呢？一会儿，又听到外面响起了雷声，一会儿就下起了大雨，他的内心更为着急了，暗暗担心自己种了满地的草籽到最后什么也没有了。

第二天早上，小和尚赶紧跑到院中一看，果然看到地上很多草籽都被大雨冲走了，就赶忙冲进方丈的房中说道："方丈，昨晚下了一场大雨把地上所有的草籽都冲走了，怎么办啊？"

方丈又一次不慌不忙地说："不用着急，草籽被冲到哪里就在哪里发芽。随缘吧！"

不久之后，许多青翠的草苗果然破土而出，原来没有撒到的一些角落里居然也长出了许多青翠的小草。

小和尚高兴地对方丈说道："太好了，我种的草长出来了！"

方丈点点头说："随喜！"

随心、随性、随意，是对恬淡的最好的诠释，如果我们能够随心、随性和随意地活着，就一定能获得惬意的人生。就像上述事例中，小草有小草的生命规则，只要有水有泥的地方就能够发芽，只要你撒下了草籽就不必担心小草是否能够发芽，我们的生活也一定要随性而为，保持恬淡的心态，不可过于担心，刻意强求，否则，只会影响到你的生活与工作。

要知道，生活中的任何事物都有其独有的规律，与其百般思量，让身心波动，不如随性而为，恬淡对待，这样才更容易让我们感受到生活的乐趣与意义。

下岗了，无须烦恼，可以再找一条出路，说不定是你走完打工人生开始自己创业的机会；有病了，不必伤心，乐观对待，自然就好了；没有钱是吧？那你有双手吧，有大脑吧，有这两样东西，你还害怕什么？心动只会让你更忧愁，伤心只会让你更加劳累，害怕只会让你走入地狱。

恬淡是一种对生活坦然的态度，是一种乐观的生活情绪，也是修心和养心的第一法则。在物欲繁杂的现代社会之中，它体现的是一种心境，一种精神，一种对生活的态度，一种至高无上的生存追求。生活中，随时保持恬淡的心态，才能使我们放宽心，才能欣赏到生命真正精彩的部分，才能活出真正的色彩。

俗话说"树欲静而风不止"，其主要原因不是因为风太大，而是因为心不静。只有心静，才能彻底摆脱世俗的困扰，才能活出真滋味。上天既然给了我们生命，我们就应该活出它的价值来，而保持一颗恬淡的心，就是顺着自己的心意去探寻生命的轨迹，不必去计较一时的得与失，不必去在意那些身外之物，这样才能够让自己切实地活出真正的自我，才能体现出自我的真正价值来。

6. 顺其自然，要做到"慎独"

顺天时，顺地利，顺人心，顺规律，你才能真正实现人生价值，才能了解真正的人生。

——北大课程引用理念

随心、随性生活固然会获得无比的快乐，然而，随心、随性并不是让你随意地释放内心的邪恶，在无穷的欲望的牵制下去做不道德的事，行损害他人利益的事。而是要通过修身、修心来不断地约束自己，做无愧于心的事情，不苛求自己，健康、快乐地活着，这是随心、随性的本质含义，它是指人的一种生活态度，不管在任何时候都能够约束自己的道德，随心、随意地做事，这就要求自己一定要做到慎独。其实，"慎独"就是指在没有人监督的情况下，依然能够坚守自己的修养，这是一种极为严格的自律的精神，能够做到慎独的人，就可以认定自己的心性已经达到十分高的境界。

这告诉我们，修炼是一个真实的领悟的过程，不是让我们做表面功夫，而是真正地领悟到快乐，体会到幸福的滋味。

杨震是东汉时期的太尉，为官极为清廉，从来不为己谋私，是中国历史上的楷模。

有一次，杨震从荆州刺史调任东莱太守，在赴任的道路上，经过昌邑，遇到了他在荆州刺史任上曾经举荐过的官员王密，当时的王密任昌邑县的县令。王密为了报答杨震的知遇之恩，特地准备了十斤黄金在晚上去拜见他，结果却被杨震退了回来。

王密自己觉得，杨震可能是因为不好意思，为了表达自己的诚意，于是，就在第二天晚上又一次拿着黄金去拜见杨震，结果又被杨震退了回来。

杨震对他说道："我和你是故交，看到你有才能，我才举荐你，我很了解你的为人，而你却不了解我的为人。"王密这样说道："现在夜深人静，根本没有人知道这件事情啊！你为何不收呢？"

杨震立即说："天知、地知、你知、我知，怎么能说无人知道呢？"王密羞愧难当，很是佩服杨震的为人。而杨震也因为自己的清廉闻名天下。

修炼心性必须要做到"慎独"。曾国藩这样说道："慎独则心安。自修之道，莫难于养心，养心之难，又在慎独。能慎独，则内省不疚，可以对天地质鬼神。"能够做到"慎独"的人，才能够无愧于天地，才能够真正地完善道德上的修养，保持内心的坦然与对万事万物的淡然。有了对万事万物的淡然，才能够获得无比惬意和快乐的人生。

7. 不要盲目羡慕别人

有人说，我顺从了别人，别人赢了，我就输了，别人得到了，我就失去了。其实不然，因为赢的意义十分有限，历史上多数人都为了争一个"赢"字而失去了生命，至少是失去了自由。

——北大课程引用理念

一位北大教授认为，人之所以会对抗，是因为都想有所为，都想张扬自我、显耀自我。例如在一群朋友聚会时，有人可能会说："我没什么啦，这几年就只有多弄了几套房子而已。"虽然说的是事实，但对于他人来说则是一种炫耀，是内心的魔鬼在作怪，你可能洋洋自得，但聚会的同学中间会有一多半自卑而痛苦，于是产生了不愉快，一场新的对抗就人为地制造出来了。

如何做到不对抗呢？第一种就是听者不要去在意别人的炫耀，不羡慕他人所拥有的，珍视自己所有的，如此便能避免产生痛苦。

一位哲人说，幸福和快乐如饮水，冷暖自知。为此，我们永远不要去羡慕别人的生活，即便那个人看起来富足而快乐；同时，也永远不要去评价别人是否幸福，即便那个人看起来孤独无助。你不是对方，怎么知道对方走过的路，看过的风景，如何得知对方真实的苦与乐？的确如此，每个人都有每个人的苦乐，对方在你眼里再富有，再顺心，也有其内心的苦楚，所以，不必去羡慕对方，珍视自己的才是最重要的。

有两只老虎，一只在笼子里，一只在野地里。

在笼子中的老虎一日三餐都无忧无虑，而在野外的老虎则是自由自在。两只老虎经常进行亲密的交谈。

笼子里的老虎总是十分羡慕野外的老虎的自由，在野外的老虎却十分羡慕笼子里老虎的安逸。有一天，笼子里的老虎对野地里的老虎说："咱们换一换吧。"野地里的老虎便同意了。

于是，笼子里的老虎走进了大自然，野地里的老虎则走进了笼子中。从笼子里走出来的老虎，高高兴兴，在旷野里拼命地奔跑；走进笼子里的老虎也十分快乐，他再也不用为一日三餐而忧愁了。

但不久，两只老虎都死了。

笼子里的老虎因为饥饿而死，野地里的老虎则是忧郁而亡。从笼子里走出来的老虎尽管获得了自由，却没有获得捕食的本领；走进笼子里的老虎获得了安逸，却没有获得在狭小空间生活的心境。

……

当生活艰难的时候，不是别人不了解你，而是你不了解自己。一个人，只有追求自身的简单和丰富，才不会被尘世的一切所蛊惑。

自己的伤痛自己最清楚，自己的哀怨自己最明白，自己的快乐自己最能感受。也许自己眼中的地狱，却是别人眼中的天堂，也许自己眼中的天堂，却是别人眼中的地狱。生活就是这般的滑稽、可笑。

其实，人人都有难念的经，所以，要想获得快乐的关键就是要调整好自己的心态，把握好自己当下所拥有的一切。终身去寻找他人所认可的东西，会永远痛失自己的快乐和幸福。

8. 追求天堂的人，多数都落入了地狱

请一定要记住这句话：追求天堂的人，绝大多数都落入了地狱。

——北大课堂引用名言

一位北大教授指出，一切得到都是用另一种失去换来的。学过经济学的人都知道这是机会成本。你选择了与美女结婚，你就不能再选择与另一个美女结婚。许多人的钱都是用身体损失换来的，是用命换来的。你只要想一想，世上有什么不是换来的呢？

这位教授其实是在向我们揭示一个世界的真理：世界上所有的事物都是得失并存的，有得必有失，我们不可过于计较自己的所失，而忽略自己的所得。同时，也不要总是把眼睛盯着自己所要得的，如果你一心只追求天堂，最终只会落入地狱之中。

漂亮的姑娘周逸与一个来自农村的穷小子结婚了。两个人结婚之后，生活虽然不富裕，但过得有滋有味，很是幸福。

有一天在一次聚会上，周逸认识了一个非常富有的年轻人，这位年轻人的甜言蜜语打动了她的心。他固然知道周逸已婚，但还是对她展开了疯狂的追求。每天都会为他送花，邀请她参加浪漫的晚宴，而这些都是周逸的老公从未给过她的。

后来，这位十分富有而帅气的年轻人对周逸说："我们这样每天都过担惊受怕的日子，不如我们离开这里，到一个新的地方开始新的幸福生活。"

周逸听了对方的话觉得十分有道理，她早已受够了那种单调、乏味的生活。于是，她就趁自己的丈夫外出之时，将家里所有最值钱的东西拿走了，并到港口与那位富有的年轻人会合。这位富有的

年轻人对她说道："我不想让你跟着我受苦，你先把东西给我一下，等我到了一个地方安顿好之后，再回来接你！"

周逸就听信了对方的话，将身上所有的财物都给了他，自己只是傻傻地在原地等待。没想到，一天、二天，一个月过去了，年轻人就这样一去不回了。周逸在外面又饿又冷，但是又不敢回去。有一天，她在街上面看到一只大狗衔着一只鸟从她面前跑过去，那只鸟还在奋力挣扎。谁知那只狗跑到水边，看到水中有一条鱼，就将口中的鸟放下，立即去河中咬鱼。结果鱼游走了，鸟也飞走了。

周逸看了，忍不住笑着说："你这只狗真傻，已有一只这么好的鸟，居然放弃而去咬鱼，结果鸟和鱼都得不到，真是傻啊！"那只大狗突然回头对她说："我的傻，只不过让我挨一顿饿；而你的傻，却误了你一生！"

此时，愚痴的周逸才如梦初醒，懊悔地自语道："我居然为了那种人放弃原本爱我的人，毁了我一生的幸福，这莫不都是自己的贪欲之心害的吗？"

生活中，我们经常也容易像上述故事中那位漂亮的姑娘周逸一样被外界的各种诱惑所迷惑，最终，让自己落入了地狱而错失了真正的幸福与快乐。生活中，我们多少人莫不被现实的透惑或者内心的贪念牵着鼻子走，一心想追求"天堂"式的生活，最终却将自己推入了地狱之中。所以，生活中，我们做任何事情都要思量其中的得与失，你想得到，就一定会失去。要明白，你所付出的"成本"代价，是否真正能为你带来快乐与幸福，如此才能活出生命的真色彩来。

9. 顺应内心，追求自己的梦想

梦想就是那种让你感到坚持就是幸福的东西，这是最宝贵的力量所在，希望大家永远不要丢弃在北大种下的梦想。

——王恩哥（北大校长在毕业典礼上的讲话）

北京大学校长王恩哥在毕业典礼上，曾这样深情寄语台下即将离开校园的年轻人："希望大家永远不要丢弃在北大种下的梦想。"他告诉年轻人，只要自己的内心永远怀有梦想，永远坚定追求，永远相信成长，无论身在何方青春都不会远去。同时，王恩哥指出，梦想就是一种让你感到坚持就是幸福的东西。这其实是告诉我们，梦想是能让生命产生激情，能让人感到无论在怎样的境遇下坚持就是幸福和快乐的事情。所以，我们要活得幸福和快乐，就首先要坚持自己的梦想和理想。

一位成功人士面对记者的采访，向大家讲了这样一个故事：

我小的时候，有一次考试得了第一名，老师就送了我一张世界地图，我当时高兴极了。跑回家就开始看这本世界地图。十分不幸的是，那天轮到我为家人烧洗澡水。我就一边烧开水，一边在火炉边看地图。当我看到埃及的时候，心中异常兴奋，因为在学校的时候，就听老师说埃及有金字塔，有艳后，有尼罗河，有法老，有很多神秘的东西，当时我就心想，长大以后如果有机会我一定要去埃及。

当我看得出神的时候，爸爸从浴室中冲出来，身上裹了一条浴巾，大声对我说："火都熄灭了，你在干什么？"我说："我在看世界地图，听老师说埃及有……"我的话还没说完，爸爸就生气地给了我两个耳光，然后就说："赶快生火，那地方有再多的东西，我也保证，你这辈子永远也到不了那个地方！"说完后，就一脚把我踢到火炉旁边去。

我当时看看我爸爸，惊呆了，心想："我爸爸怎么给我这么奇怪的保证，我这辈子真的永远到不了埃及吗？"心中顿时感到十分迷惘，心中感到异常失落。但是，我又想，我这辈子一定要到埃及去，证明爸爸的说法是错误的！

在以后的 20 年中，我心中十分坚定地知道，我的梦想就是有一天能到埃及去。我的朋友都告诉我："你到埃及去干什么？"那时候还没开放观光，出国是极难的。我对我的朋友说："我心中只要一想起那个要坚持的梦想，就兴奋十足。"

经过 20 年的努力，我终于有一天到了埃及，就坐在金字塔前面的台阶上，买了一张明信片寄给爸爸。我这样写道："亲爱的爸爸，我现在在埃及的金字塔前面给你写信。记得你小时候曾经给我两个耳光，并保证我以后永远到不了这么远的地方来。现在，我就坐在这里给你写信。我也异常感激你，正是你的那个保证，让我这几十年的时光过得极为充实，心中从来没有迷惘，因为我有坚定的梦想！"

梦想在一个人的生命中是极为重要的东西，因为只有梦想才让我们的人生处处充满了希望。只有梦想，才可以让我们时刻保持充沛的想象力与创造力，才使自己的生命不虚度，那些不良的情绪也不会再来打扰，心中也不会感到迷惘，才能在艰难的情况下感到幸福和快乐，才能让自己的生命发挥出最大的价值，才能让人生有意义。

如果你的内心每天都充满了希望，那么，你还有什么理由，有什么时间去叹息，去悲哀，去烦恼呢？所以，当你失意的时候，就不妨多给自己一点希望，就会开心和幸福了。就像有人所说的那样，当你又一次失恋的时候，请不要悲伤，而要高兴，因为你终于结束了对于双方来说都是折磨的生活，而等待你的生活则可能是充满着无限的可能性的！永远都抱着希望生活，让自己每天都生活在开心之中不比什么都好吗？

10. 无人欣赏，要学会自我鼓掌

人一辈子总要忠诚一次才能有大成就。

——北大课堂引用名言

有一首歌中这样唱到：想唱就唱要唱得响亮，就算没有人为我鼓掌，至少我还能够勇敢地自我欣赏！这话是告诉我们，要学会自我欣赏，即便没有任何人看好你，即便鲜花不属于你，也要顺应自己的内心，勇于追求自己的梦想。

在生活中，我们切不可过分地在意他人的眼光，无论别人如何看你，都不可悲观失望，要不断给自己打气，相信自己，懂得自我欣赏，这样才能达到人生顶峰，才能活出自我的精彩，才能获得更多的快乐！

玲玲是个极度自卑的人，总觉得自己事事不如人，也没有什么特殊的才能，没有特长，而且什么事情也做不好。每次与周围的朋友在一起的时候，总是很胆怯，害怕她们嘲笑自己，因为她觉得自己不仅笨，而且还长得不够漂亮。

每天，她都低着头走路，就连与他人说话，声音也小得很。

有一次，朋友聚会，让玲玲去参加。聚会吃完饭后，大家建议一起去唱歌，在唱歌时，她的一位朋友丽丽就将玲玲叫了起来："玲玲，其他人都唱了，我听说你唱歌很不错，现在就给大家唱一个呗！"大家也都跟着喊起来，让她唱一首。其实，玲玲唱歌很不错，嗓音也很好，但是由于自卑，很少在别人面前显露自己的才艺。

看到大家都在鼓励她，玲玲只好拿起麦克风唱了起来，虽然唱得有些生硬，但唱了几句后，大家都没想到玲玲唱歌这么好听，纷纷鼓起掌来。唱完一首后，同事们又让玲玲唱了一首。

丽丽还走了上去，给玲玲送上一束鲜花，并凑在耳边说："玲玲，你唱歌真棒，其实只要你仔细观察，你身上还有许多优点，为什么你自己看不见呢？其实不管别人是否欣赏你，你首先就要学会欣赏自己，重视自己。"此次之后，玲玲的确开朗了许多，由于性格变得开朗了，所以在工作上也有了很大的进步。

生活之中，很多人之所以不懂得欣赏自己，是因为他们的眼睛总是盯着别人最出色的地方，有时，即使对方一点也不优秀，他们也会找出一些别人有，而自己没有的优势去欣赏别人，从而忽视了自己的美丽，这样只会让自己更加痛苦。

生活之中，我们一定要学会欣赏自己。要欣赏自己，首先要学会重视自己，无论自己天生是美还是丑，无论自己是伟大还是渺小，都要足够的重视自己。因为你的就是你的，别人再美，再优秀，那都是别人的，你也只有重视自己，欣赏自己，才能活得更快乐。如果一个人连自己都看不起，就别奢望别人对你欣赏有加了，得到的一定是别人带着蔑视的"刮目相看"了。

要明白，人都喜欢受到欣赏，但我们生活中总有一些不如意的地方，而且人们往往会忽视你、否认你，甚至嘲笑你。解决这种被别人看不起的最好方法就是时不时地称赞自己。同时也要学会观察自己，去寻找自己的优点，花时间提升自己，你就能够发现属于自己的美，然后就能够活出自己的精彩，那个时候，你的所有烦恼和痛苦就会烟消云散。

11. 随缘不是得过且过，而是尽人事，听天命

一个人活在世界上，必须处理好三个关系：第一，人与大自然的关系；第二，人与人的关系，包括家庭关系在内；第三，个人心中思想与感情矛盾的关系。这三个关系，如果能处理得很好，生活就能愉快；否则，生活就有苦恼。

——季羡林

随缘不是得过且过，因循苟且，而是尽人事听天命。就是说，随缘并不是一种消极的人生态度和生活状态，而是一种对生活的理智和清醒。它不是让人得过且过，混日子，不努力进取，而是尽人事，听天命。它是一种睿智的生活状态，要知道，生活中的很多事情并非人力就可以达到，可以改变的。比如你的容貌，比如机遇，比如感情，等等。既然不能改变，那就学着接受它，不去过分地强求，这样才能够保持内心的平静，才能在沉稳之中看到希望的曙光！

有一天，海燕乘一辆出租车到车站，她因为星期天被上司派到外地出差而满脸的不高兴。但是一坐进车中，就听到司机在得意扬扬地吹口哨。海燕见司机如此快乐，如此乐观，就羡慕地问他："你今天心情不错嘛！"

司机微笑着说道："当然是的，我每天都是如此，没有什么事情能让我心情低落啊！"

海燕脸上露出了浅浅的一笑，问道："难道生活中你就没遇到困难或者令你烦心的事情吗？"

司机接着说："不幸的事情和困难经常会有的，但是我悟出了一

个道理，凡事只要尽力而为，对于人力所不能左右的事情，你即便再急躁或情绪再低落，也无济于事！再说，暴躁或者低落的情绪对自己一点好处也没有，多数情况下，只要你尽力了，老天总会帮你，让事情出现转机！"

听司机如此一说，海燕便好奇地问道："你怎么会有这种看法呢？"

司机缓缓地回答说："有一天清晨，我照常开车出门，想趁着上班高峰期多拉几个人，多赚点钱，但是情况却未如预期的顺利，因为车子没开出多久就爆胎了。当时天气极为寒冷，车子停在路边，我的心情也极为低落。接着，我无奈之下想换轮胎，发现没带工具。而且外面刮着大风，购买工具必须得跑很远的路程。"

司机故意停顿了一下，便接着说："就在这个时候，有个路过的司机一问我的情况，便马上从车上跳下来，一言不发地拿着工具上前来帮助我。这位陌生的卡车司机很熟练地就把轮胎换好了。当我向对方表示感谢，想给他一些酬谢时，却见他轻轻地挥了挥手，立即跳上了车就离开了。"

司机笑着说，因为那个陌生人的帮忙，让我的一整天的心情都大好，也让我相信，人不会永远都倒霉的。在轮胎问题解决后，我的心胸也顿时打开了，而好运似乎就跟着进了门，那天早上乘客一个接着一个，生意也比其他人要多出一倍呢！所以，当遇到麻烦，我总是对自己说：不必再心烦了，凡事只要尽力，上天就可能会让一切不幸出现转机的。只要你用心做一件事情，生活就不会永远地停留在不如意之中。

听了司机的话，海燕的一切烦恼马上被抛到九霄云外去了！

随缘是一种努力和坚持，但是又丝毫没有患得患失的不安。事成了，会淡然地欣慰；事不成，也只是坦然地接受，没有任何的懊恼和追悔。随缘是一种智慧和解脱的表现，是人生拼搏的另一种境界，它不是消极的承受，更不是放弃人生应有的追求，它是无为而有为，是成功者的另一种素养。

为此，在工作和生活中，我们要"随缘"而不是"攀缘"，凡事切勿强求，而要尽人事听天命。在谋事之时，要尽力而为，做到问心无愧。在事情过后，我们一定要检讨所失，但也不必为事情的成败或喜或忧。只有做到这些，才是真正的"随缘"！

12. 懂得"随情"：人生何必太强求

"随"是人生根本之平等心、清净心、仁爱心的行动表示。

——北大课程引用名言

每个人都渴望在年轻的时候能拥有十分美好的爱情，于是就去过分地苛求，看到喜欢的人穷追不舍。其实，爱情很多时候是让人费解的，与自己爱的人在一起，并不需要太多的理由。

婷是一个长得很标致的女孩子，凡是见过她的人，都被她的容貌所吸引。因为长得漂亮，所以很多男孩都不敢轻易追求她，他们都认为自己配不上她。

只有一个男孩子大胆地向婷发出约会邀请。婷只好准时赴约，因为她想给对方面子，不想伤害对方。

这位男孩对婷说道："你嫁给我吧，我一定会让你幸福一生的。"

婷心里并不喜欢这个男孩子，想了想，就微笑着对对方说："你有别墅吗？"

"没有。"男孩惭愧地答道。

"你有豪车吗？"女孩又一次问道。

"没有。"男孩子低下了头，低声说。

"你有让我一辈子都无忧无虑的存款吗？"

"没有。"男孩摇了摇头，惭愧地离开了。

从此之后，这位男孩很是上进，奋力拼搏，为的只是能配得上婷。经过几年的打拼，他终于有了自己的公司和别墅，也有了一笔巨额的存款。当他兴冲冲地再次找到婷时，婷的身边已经有了另一个陪伴她的男人。这位男人只是一个普通的职员。男孩对婷说："你现在可以跟我走了，我可以让你住豪华的别墅。"

婷却对他说："我住在别墅里会很寂寞！"

男孩又说："我给你配备豪华小车！"

"那样我会失去步行走路锻炼身体的机会。"婷说。

"我给你一笔巨款，你想怎么花就怎么花！"男孩子干脆这样说道。

"如果我有太多的钱，我会感到不安的……"

男孩终于彻底失望了，说："这几年我的努力白费了，我拥有这么些有什么用呢？"而婷却淡然地对他说："你拥有了这一切，还害怕找不到自己喜欢的女孩子吗？"

男孩子终于明白了，爱是无法强求的。

爱情是一种奇妙的东西，只要缘分来了，感觉对了，不需要任何的理由。如果没缘分，没感觉，再强求也是白费力气。因此，对待爱情，我们切不可过分地强求，一切顺势而为，随性随缘，才能让爱情之花美丽而长久。

13. 日子苦不可怕，可怕的是心苦

生命永远是相对的，有得必有失，有失必有得。

——北大课程理念

"再苦也要笑一笑"是对生活的一种乐观态度。一位作家说：日子苦并不可怕，可怕的是人心苦。为此，无论处于什么样的环境中，都别忘记提醒自己：只要乐观的精神还在，再苦的日子也是甜的。无论遭遇什么样的不幸，只要能够撑过去，就能看到胜利。再苦再累，也要学着去笑一笑，笑一笑，你的人生才会更加美好。

一位富家千金小姐，从小养尊处优，过着锦衣玉食的生活。从来没为任何事情担心过，身边的仆人成群，每天只是看看书，赏赏花，喝喝茶。很不幸的是，因为种种原因，她家道中落，一夜之间，她从一个富家小姐沦为街头的流浪者。再后来，她沦为一个要到乡下挖鱼塘清粪桶才能生活的人。

面对如此巨大的生活反差，她并没有唉声叹气，忧心忡忡，而是微笑着面对。

几年过去了，她不再是当年那个美丽优雅的她了，岁月带走了她姣好的面容，时光粗糙了她娇嫩的双手。可是，她喝茶、赏花的习惯仍旧没有改变。但是家中一贫如洗，再也没有当年用来烘蛋糕的电烤炉，该怎么办呢？她就自己动手，用一只铝锅在煤炉上蒸蒸烤烤，尽管没有控制温度的条件，她却烤制出了美味可口的西式面包。然后，又将面包切片，再在煤炉上架上条条的细铁丝，将面包片放在上面，做出香喷喷的面包吐司。

在这个时候，她总是怡然自得地享受着贫苦生活中独有的喜悦，

已经完全忘记了自己生活的清苦，享受着点点滴滴的幸福。

尽管日子不再富裕，尽管处于恶劣的生存环境中，那位小姐仍旧能够保持着那种精致的生活，这种苦中作乐的精神着实让人感动不已。如果人人都能够以这样的心态来面对挫折，面对苦难，那么，还有什么困难能够打倒我们呢？

再苦也要笑一笑，什么烦恼便没了。要知道，苦与甜都是生命中一种极为精彩的状态，若没有苦难，人生就会少几许骄傲、自尊和坚强；若没有挫折，生命便少了几分成功之后心动的喜悦；如果没有沧桑，那么人生就缺乏几分同情，几分感动。因此，切莫总是苛求生活按照我们想象的状态发展，要知道，每个人的人生都不可能四季如春。经历了春天的温暖，就必须要等待对夏日烈火的考验，收获了秋天的果实，就必须要忍耐冬日的严寒。但回过头来你会发现，夏天虽然酷热，但却也有着如火的热情，它让人想到希望想到未来，更给人以巨大的信心；冬天虽然严寒，但是却也有一份美丽存在，没有叶子的树枝，皑皑的白雪，寒冽的北风，都能带给我们无限的遐想与感受。

14. 抓住机遇，顺势而为

随势：势者，时务也。古人云："识时务者为俊杰。"势者有阶段之分——开局、终局、残局、都不尽相同。局中各方在不同阶段又有情势之异——蓄势、备势、养势、造势、用势、收势等，各有变数，因势而动，是为俊杰。得势者大利，失势者大咎。

——北大课程理念

人生一切际遇，事情的成与败都可以归结为一个"势"上。顺势而为，如水推舟，事半功倍；逆势为之，则逆水行舟，艰难险阻，功败垂成。所以说，一个人能否干成大事情，不是这个人的本事大，不是这个人的命好，而是这个人顺应了大势，是大势造就了他，正所谓时势造英雄。那些怀才不遇的人，穷困潦倒的人，不是没有本事，而是没有把握住这个趋势，逆势而动，枉费九牛二虎之力也无济于事，只有望天兴叹，所以就有了生不逢时的感慨。

其实，当你无法改变世界时，不如学会改变自己，转换思维，主动去适应时势，才能顺风顺水，一生不留遗憾。

很久之前，在一个极为贫穷的国家，人们都是赤着脚走路的。

一位国王看到人们都光着脚走路，因为地面崎岖不平，有很多荆棘和碎石头，把很多人的脚刺得血肉模糊。国王回到王宫以后，就打算将国内的所有道路都铺上一层牛皮，这样才能让人们免受刺痛之苦的折磨。

然而，国土太过辽阔，就算是将全国所有的牛都杀完，也筹不到足够的皮革，而其所花费的金钱、动用的人力，更是会不计其数。当地的人们尽管知道这件事情很难办到，而且还极为愚蠢，但是谁也不敢说什么来反抗国君的命令。

后来，有一位聪明的大臣大胆地向国君建议："国君啊，这个方法太不可行了。你把全国的牛都杀光了，人们用什么来耕种呢？再说花费那么多金钱，会使全国人民都陷入水深火热之中！您如果用两小片牛皮包住人的脚，那不是一切问题都解决了吗！"国君听了很是兴奋，当下领悟，于是就立即收回成命，采纳了大臣的这个建议。这也是"皮鞋"的由来。

在很多时候，无法适应环境是一件痛苦的事，环境是不可改变的，而能够改变的唯有自己。如果你对现在的生活环境感到不适应，千万别抱怨、烦恼和痛苦，而是要学会先改变自己，用爱心和智慧去面对一切，并且努力去适应环境，而非让环境去适应你。

在现实生活中，很多人在追求的过程中，总是喜欢给自己加上额外的负荷，不肯轻易改变自己，改变思维方式，最终浪费了很多时光与精力。

一位哲学家说，放下无谓的执着，便是随缘。苛求环境，其实就是太过执着的表现。在追求的过程中，不让自己的身心太累，遇石就该拐弯，不能硬撞石头，将自己撞得粉身碎骨。避开了石头，自然也就避开了危险，就能达到成功的彼岸。

第 9 章

心的醒度修炼课

1. 人生要时刻保持清醒

我们原本是爱的使者，但随着社会恶习的感染、各种偏见的加入，我们虽在成长，但是却迷失了自我。

——北大课程引用名言

别以为"难得糊涂"是叫人真糊涂，其实它是叫人在小事上糊涂，在正事上保持清醒。何谓"正事"呢？其实，就是为人处事的基本道理。只有懂得了这些，才能让自己的人生之路更为顺畅，才能处变不惊。

一个人要时刻保持清醒、不犯迷糊是很难的。生活中，很多人就是因为意气用事或者抵挡不住诱惑，很容易落入别人所设下的圈套中，轻则丢财，重则丧命。所以，我们在做任何事情时，都要多用脑子，少用性子。

生活中，我们在受到不公平的待遇，遭到他人的辱骂，办事不顺心时，都可能会大动肝火，情绪失控。但是，轻易发怒一般不仅不利于解决问题，还对自己的身体健康有害。因此，当你因某人某事而情绪激动

215

时，一定要先让自己保持清醒、冷静，以防止冲突的发生。

要知道，你在不冷静的时候，会头脑发热，语气也往往会粗暴不堪，不容易听进他人的劝解，结果会使问题变得更为糟糕。这个时候，你不妨出去散散步，让自己的头脑更清醒一些，仔细整理一下自己的思绪。

或者，你也可以与一两个局外人交谈一下，发泄一通内心的怒气或者接受一些劝告。如果这还不足以平息你心中的怒火，试着去寻找更为剧烈的发泄方式。比如狂跑一阵，打一场网球等等。

等你的情绪平息之后，你再与当事人直接进行交谈。在交谈时，一定要彬彬有礼，要有理性，不要直呼其名，粗暴责备，讽刺挖苦甚至进行威胁。谈话内容应该对事不对人，更不要进行人格的侮辱。在说明自身的观点之后，注意倾听他人的意见。努力学会说："是的，我能理解你的观点。"只有这样才能期望别人的理解。

同时，在生活中，一定要努力提升自身的修养，开阔心胸，善于谅解他人的过错。如此这样才能不为一些小事而耿耿于怀，以致轻易发怒。当然，该忍的时候，也要学会容忍，这样才能使你的人际关系更为和谐。

2. 看透生活的本质：生活其实是一种愿望

生活中，我们总是笑身边的痴者、迷者，总认为别人是那样的糊涂，居然怎么劝都劝不了。其实，有许多事说别人容易，一旦落在自己身上，又糊涂了。

——北大课程理念

真正的清醒者，能够看透生活的本质。生活，其实是一种愿望，是一种想象的渴望，正是有了愿望和渴望，才让我们不断吸吮到其中的甘甜、美好和幸福。幸福很远亦很近，有时候，幸福是一样东西，在你费尽周折得到的时候；有时候，幸福也仅仅是一个目标，当你长途奔波抵达的时候；有时候，幸福是一次比较，当你看到别人不幸的时候；更多时候，幸福其实是我们内心的一种感觉，一种心态，只要你领悟生活的真谛，原来生活处处都有它的影子。

穷人说，幸福就是在饥饿时能吃到热腾腾的饭菜，口渴时能喝到清澈的水，寒冷时有足够御寒的衣服，贫穷时有够维持生存的钱财。

富人说，幸福就是能在忙碌之中闲下来，疲惫时抽出时间休息，困乏时，能够睡一个安稳舒适的觉。

单身者说，幸福就是甜蜜地拥在爱人的怀抱中，暂时离别时心头淡淡的思念。

已婚者说，幸福就是摆脱对方一个人独享清闲，能够自由地支配自己的时间，做自己喜欢做的事。

……

总之，人生缺什么，就认为什么是幸福！果真有一天实现了梦寐以求的愿望，我们也许会兴奋一些时候。但是，随着时间的推移，那些实现的愿望再也激发不起我们的幸福感，一些新的愿望又再次萌生，它们就像地面上生长的花花草草一般，采摘了一朵又一朵，践踏了一片又一片，每年都会新生。

可以说，人们对幸福的感受同心理的欲望是相辅相成的。人是所有生物中最为奇怪的，其欲望是没有终点的。所以，人们就会不断地追逐，不断地在感受了短暂的幸福后，又产生新的痛苦，像一个永动机一样，永远没有停歇的时候。为此，我们要想在漫漫人生长路中永久地抓住幸福和快乐，就要学会放弃，放下不切实际的期待，放下没有结果的执着，用心感受你手中所拥有的。

3. 看透幸福真谛：幸福是过程而非结果

清醒者总是处处小心，随时随地睁大眼睛看世界。

——北大课程引用名言

幸福和快乐是我们生活所追求的终极目标，它是一个过程，而不是忙碌一生后所达到的顶点，紧张与麻木更非生活该有的状态。为此，我们一定要抛开一切，放开心中紧绷的弦，让自己清闲下来一阵，真切地去感受奋斗过程中的快乐和幸福，如此才能重新找到生命的意义和乐趣。

有一位企业家，腰缠万贯，但不幸的是患了绝症。临终前，他看到窗外的一个广场上有一群孩子在百花丛中捕捉蝴蝶，很是一幅快乐的画面。于是，他就对他三个可爱的孩子说："你们也到广场上给我捉几只蝴蝶来吧，我许多年都没见过蝴蝶了。"

三个孩子便快乐地跑到外面去帮爸爸捕捉蝴蝶，一会儿，大儿子捉了一只蝴蝶回来了。爸爸问："怎么就捉了一只？"

大儿子说："我是用你送给我的布娃娃换来的。"

企业家点点头，微笑了一下，什么也没有说。

又过了一会儿，二儿子回来了，他手里拿着两只蝴蝶。爸爸就问他："你怎么这么快就能捉到两只呢？"

二儿子说道："我把我的玩具小手枪租给了一位小朋友，他就给了我两只蝴蝶作为交换。"企业家仍旧微笑着点点头。

接着他的小儿子来了，他带来了 10 只蝴蝶，并小心翼翼地用一个竹笼子装着。企业家问："你怎么捉这么多蝴蝶呢？"小儿子说："我把你送我的坦克在广场上举起来，问：谁愿意玩坦克，愿意玩的只需要交一只蝴蝶就可以了。爸爸，要不是怕你着急，我至少可以捉 20 只蝴蝶给你呢。"企业家爱怜地拍了拍三儿子的头。

第二天，企业家就死了，他在自己的床头放了一张小纸条，上面写着：孩子，我并不需要蝴蝶，我需要的是看见你们捉蝴蝶时的乐趣。

生活中，我们每个人都在期待幸福的降临，但是，到底什么是能让我们感觉到幸福的事情呢？是金钱吗？其实，幸福只是一个过程，而非一个结果。所以，在百忙之中的你，是否想过适当地停下来，给自己的心灵放个假，让它充分享受放松所带来的愉悦感呢？别总以为将心装得满满的就是一种莫大的充实，其实卸下心灵的负荷才是一种莫大的幸福。

人生是一条单行道，永远不可逆转。你如果只工作，为活下去而拼命地工作，得不到任何闲暇，还有什么情趣而言呢？所以，从现在开始，给自己留点时间轻松一下吧，如此生活才会多姿多彩。如果时常将自己置于大自然中，任心灵自由自在地驰骋，在物我两忘的境界中，将天地万物置于空灵之中，这是何等的惬意，何等无拘无束，何等舒畅的心境啊！

4. 别让碌碌无为的心态毁了你

红尘是一个大染缸，几乎所有的人都被这个染缸染成了五颜六色。人之初，我们还不能明辨是非，于是我们接受教育，我们每个人都打上了思维烙印，就这样，我们看问题和处理问题就出现了偏见，时间一长，我们就迷失了真我，我们就被假我所控制了。

——北大课程引用名言

一个人活着，不怕没有钱、经验和社会关系，最为可怕的就是没有梦想，对人生没有想法。这样的人生是迷惘和恐惧的！生活中，有这样一群人：他们享有财富，任意挥霍，出手大方，配备名车，举办各种派对，不工作，不思进取，每天都生活在纸醉金迷之中，时间久了，难免会感到空虚和迷惘。

的确，财富是用来享受的，但是却不能因为拥有大量的财富而让自己碌碌无为。否则，长久地持续这样的生活，养成了享乐的心态，内心无法感受到真正的快乐和幸福。要知道，物欲的享受只能给自己带来一时的满足，而心灵却依然是空虚的。人生在世不过几十年，碌碌无为的一生，只会让自己的人生失去色彩，让人生失去价值，让灵魂空洞。

老子在经过函谷关时，将自己的专著《道德经》留在了当地的府衙之中。

有一天，一个年逾百岁、鹤发童颜的老翁到府中问他："先生，我听说你博学多才，因此，我有几个问题想请教你。"

老子同意了老翁的要求，于是，老翁问道："今年我105岁，大家都叫我老寿星。可是说实话，从小到大，我一直都游手好闲地度日。与我同龄的人都很有作为，他们都开垦了百亩沃田，但是到头来却还没有一席之地，建了几间房屋到最终却没有容身之地。而我虽然一生不稼不穑，却还吃着五谷；虽然没有置过片砖只瓦，却仍然居住在避风挡雨的房舍之中。"

说着，老翁露出了得意的笑容，说出了自己最想说的话："我现在是不是可以嘲笑他们忙忙碌碌劳作一生，最终却换来一个早逝呢？"

老翁想，这个问题应该可以难倒老子了。谁知，老子却微微一笑，对老翁说道："老先生，麻烦你帮我找来一块砖头与石头。"片刻，砖头和石头就被呈了上来。老子说道："如果现在让你从中选择一个，您是要砖头还是石头？"

老翁听罢哈哈大笑起来，最终指着砖头说："我当然是择取砖头了。"老子也跟着笑，问道："你为什么选择砖头呢？"

老翁不以为然地说："这还不简单吗？因为石头没棱又没角，取它何用呢？"

老子又转过身来问围观的其他人："你们是要石头还是要砖头？"

"砖头，砖头！"大家异口同声地叫了起来。这时，老子却心平气和地说："那我再问问你们，是石头的寿命长呢，还是砖头的寿命长呢？"

众人都不假思索地说："肯定是石头！"

这个时候，老子才慢慢说道："你也知道石头寿命长，可是为什么会选择寿命短的砖头？它们的区别，不过是有用和没用罢了。天地万物莫不如此，寿命虽短，于人于天都有益，天人皆择之，皆念之，短亦不短；寿虽长，于人于天无用，天人皆摒弃。"

老子如此的一番话，说得老翁顿时大窘，异常佩服老子对人生的理解。

人生就如同石头与砖头一般，你要成为什么，关键在于自己的选择。石头虽然轻松，但是它却感受不到生命的任何精彩；而砖头能够在各个领域中发挥自身的优势，这是石头不可能体会得到的。在短暂的生命中做出出其不意的成就来，远比在长久的生命中碌碌无为要精彩得多，人生的真谛也是如此。活要活出意义来，没有任何意义的人生，即便活得再长，也没有任何价值，只是在虚度光阴，让自己灵魂空虚，让生命失去色彩罢了。

5. 你是否置身福中，却仍抱怨连连

从今以后，我们要认认真真地过日子。

——俞平伯

哲人说，拥有一份能自食其力的工作，何尝不是一种幸福。生活中，很多人都明白：饿了吃饱是幸福；渴了喝足是幸福；累了睡觉是幸福；孤独了享受爱是幸福；危险了安全就是幸福。然而，很少人能明白这样的道理：吃撑了不吃是幸福，喝胀了不喝是幸福，睡多了找事干是幸福，爱多了独处是幸福，安全太多了探险求刺激也是幸福。对于人来说，最大的不幸，就是身处福中，却仍旧抱怨连连。

很久以前，一个穷人死后，发现自己来到了一个极为美妙的地方。那里有花园美景，有绝色美女，有令人眩晕的娱乐节目，还有享用不尽的美食。

这里的仆人告诉他说："从此之后，你就是这里的主人了，这里的东西你想吃什么就拿什么，想玩什么就玩什么，这里所有的一切都可以自由地尽情享用。"这个人极为庆幸：这就是我在人世间最想过的日子嘛。于是，他每天浸泡在美色与美食之中，得到了前所未有的快乐。

就这样，日子一天天地过去，他发现美食不再那么可口了，游戏也越来越乏味了，那些曾经让他感觉像天仙般美丽的女人们再也提不起他的兴趣来了。他每天早晨醒来以后，也不知道如何打发时间，于是就对仆人说道："这样的生活真是太过无聊了，我需要做一点事情，你能给我一份工作做吗？"

让他感到意外的是，这个要求被拒绝了。仆人说道："很是抱歉，这里没有工作可以给您做。"在沮丧之余，他愤怒地说道："这里真是太无聊了，早知道这样，您还是送我去地狱好了！"听了他的抱怨，仆人温和地对他说道："先生，您以为这里是什么地方呢？这里就是地狱啊！"

由此可见，拥有一份能够自食其力的工作，是多么幸福的一件事情！生活中，我们经常会听到这样的抱怨：工作太紧张，每天早起晚归，疲于奔命，不知何时是个头；如果有来世，我希望自己变成一头猪，吃了睡，睡了吃，什么都不操心；什么时候可以不用工作，就能住上大房子，开上名车……要知道，人活着就要思考，就要劳动，如果你整天置自己于安逸之中，每天衣食无忧，表面上看似在享受，实则是生活在地狱之中。长时间将自己浸泡在安逸之中，人也无异于行尸走肉。

一个人最可悲的行为，就是丧失了理想，没有了进取心，一味地去享受安逸。这样会让你的人生苍白无力，使你越来越堕落，不懂得珍惜你得到的东西，也不会对周围的事物心存感激，更不容易找到满足感。而通过工作来实现自我价值，通过个人努力来获得成就，你会体会到收获的快乐，珍惜自己所拥有的，对周围的一切心存感激，那么，你将会获得长期的快乐和幸福。所以，无论你是腰缠万贯的富豪，还是一贫如洗的穷人，都要记住，只有工作才能让你在充实中体会到生命的本质意义，才能让你获得快乐和满足，才能让你在奋斗中感受到生命的真精彩。

6. 自省是一种力量

　　每一个人都有一个自我，自我当然离自己最近，应该最容易认识。事实证明正相反，自我最不容易认识……一般的情况是，人们往往把自己的才能、学问、道德、成就等评估过高，永远是自我感觉良好。这对自己是不利的，对社会也是有害的。许多人事纠纷和社会矛盾由此而生。

——季羡林

　　俗话说，知人者智，自知者明；省人者智，自省者明。真正明智的人，是善于自省的人。自省是一种力量，真正能做到自省的人，能够时刻清醒地认识自己，规范自身的行为，本身能散发出巨大的能量。

　　子曰："射有似乎君子，失诸正鹄，反求诸其身。"意思是说，孔子说，射箭很像君子修身的道理，射不中靶子，要回过头来检讨自己，反省自身。孟子说："爱人不亲，反其仁；治人不治，反其智；礼人不答，反其敬。行有不得者皆反求诸己，其身正而天下归之。"意思为，孟子说："你爱护别人但人家不亲近你，就反省自己的仁爱够不够；你管理人们却管不好，就要反省自己才智够不够；待人以礼对方不报答，就要反省自己恭敬够不够。任何行为如果没有取得效果，都要反过来检讨一下自己，只要自己本身端正了，天下人就会归顺于你。"孔子和孟子的话，都表明了自省对一个人聪明才智增长的重要性。

　　反躬自省，即当出了问题时，当面对批评时，多在自己的身上找原因。这个道理我们都懂得，但是做起来，却很难。为何难？因为我们挑战了自己的自尊。

其实，从心理学的角度分析，为自己辩护，给自己找借口，指出外界或他人的责任，这些都是自尊的需求。遇到了问题或者在接受批评指责的时候，自我防御系统会第一时间启动起来，我们的心理马上就进入了防守状态，竖起坚硬的盾牌来保护脆弱的自尊。所以，反躬自省，是需要足够强大的内心的。

心理学家指出，当自我内心强大到一定的程度时，你就可以完全放下自我了，不需要时时捧着它。这就如同太极拳的以柔克刚，放下了自我，你就没什么非要去保护的，你便可以敞开了心去迎接一切，而不必担心失去或者受到伤害。这时，你便完全可以反躬自省了。

同时，你也可以采用这样的方法：遇到问题或者批评，你先别着急去关照你的自尊心，先去做点建设性的事情。你可以跟自己说：自尊啊，你先等一等，我有点别的事情要做，别闹，办完了就回来哄你，给它来个延迟满足，如此才能让自我进行反躬自省。

其实，当你真正反躬自省了自身的问题之后，通常情况下，你的自尊也便没有问题了，它甚至要比之前更为强大！

如此一说，要想真正做一个清醒的人，就要做两件事：反躬自省和内心强大。同样是这两件事，顺序对了，就是一件事：先反省自己。而且还能获得额外的奖励：内心变得强大。何乐而不为呢！

所以，生活中如果你遇到问题，被人冤枉、指责的时候，当我们本能地要为自己辩护，到外界去寻求责任的时候，我们就一定要有意识地打住自己的思维，转个念头，回头想想自身的问题和责任。如此才能真正地做到反躬自省。

7. 清醒地认识自己

人是能被激活的，人人都能被激活。

——北大课程引用名言

在希腊德尔菲阿波罗神庙的石板之上，古希腊的先哲们在上面刻下了这样的箴言："认识你自己。"所谓的认识自己，就是清醒地反观自己的内心，知道自己的优势和劣势，如此才能找到适合自己的人生发展方向，才能规划好自己的职业选择，这对于一个人的成功，有着事半功倍的效果。相反，如果你在昏茫的状态下，在一个不适合或者不擅长的方向中辛苦努力，不仅活不出自己的价值，会过得不快乐，甚至还会让你一生都处于迷茫的状态下，一无所获。

生物学家达尔文 16 岁就被父亲送到爱丁堡大学学医，这期间，他每天唯一能做的就是读大量的枯燥的医学文献，然后再回去写报告。

对于达尔文来说，那是一段可怕的噩梦一般的时光，在这期间，他的脑海中经常盘旋着这样的意念：这不是我想要的，我要逃出去。几年的学医生涯，他并未取得任何成绩，而且还对医学产生了抵触感。其实，在学医期间，他自己就对自然历史产生了浓厚的兴趣，经常到野外去采集动物和植物的标本。

后来，他开始不断地反思自己，认识自己，曾经十分谦虚而又自信地谈到自己的性格："热爱探索自然，善于观察又十分喜爱收集事实材料，而且对问题都会不倦地思索、锲而不舍。"同时，他又客观地评价了自己的才能："我的记忆范围很广泛，但是都比较模糊……在想象力方面也不很出众，也谈不上机智。所以我应该是个蹩脚的评论家。"在清醒地认识了自己之后，他决定去做自己喜欢的工作，那就是自然科学。后来，他有幸进入到农学院，仍旧坚持自己的兴趣爱好。他的父亲曾认为他"游手好闲""不务正业"，一怒之下，在他 19 岁时，又送他到剑桥大学，改学神学，希望他将来成为一个"尊贵的牧师"。然而，在这期间，达尔文对自然历史的兴趣变得更为浓厚，完全放弃了对神学的学习。在剑桥期间，他结识了当时著名的植物学家亨斯洛和著名地质学家西基威克，并接受了植物学与地质学研究的科学训练。后来，经过不断努力，在历经了 5 年的环球航行之后，达尔文在自然科学方面为人类做出了划时代的巨大贡献！

只有真正深入地剖析和了解自己之后，才能更清楚地认识自己，找到与自身素质相对应的人生目标，凭着自身素质上的信号找到这个目标之后，才能发挥自身所长，找到生命的快乐和价值，才能取得有效的成果。认清楚自己，找到适合自身的发展方向和发展目标，开发属于自己的领域，是通往成功之路的一条捷径。

著名散文家朱自清在年轻的时候喜欢写诗，但是，几乎没有写出好的作品来。后来，他开始深度地剖析自己：模糊而不清晰的内在感情，对外界事物不敏感，诗情枯竭，不自然，纯粹是从脑子中虚幻出来的。后来，他因为写散文而一举成名。

人最大的失败在于不认识真正的自己，因为不明白自己的优、劣势所在，所以不能准确地找到适合自己的职位、发展方向，不能最大限度地发掘自身的潜力，最终一无所成，一败涂地。

现实生活中，很多人为什么会活得累呢？许多人都想得到答案，你可能也在内心发出过类似的呐喊。每个人都有压力，压力一方面源于生存向我们的索取，另一方面主要产生于自身。我们因为不能清晰地认识自己，总是在相当长的时间内在不适合自己的领域迷茫地重复那些无效的人生程序，多数人的苦恼都由此而起，难道不是吗？

8. 生不贪求，死不畏惧

我早就认识到，永远变动，永不停息，是宇宙的根本规律，要求不变是荒唐的。万物方生方死，是至理名言。

——季羡林

季羡林的话，其实是教人看清生死。而同时，他又说到自己还无法做到这般豁达，心中总是有矛盾，他一方面眷恋人生，一方面又觉得人生太辛苦了，想要好好地休息。季羡林也曾这样说道："我时不时地总会遇到一些令人不愉快的事情，让自己的心情半天难以平静。即使在春风得意中，我也有自己的苦恼。"事实上，人生中有许多这样的矛盾和苦恼，人人都想拥有超脱豁达的人生，但是这又谈何容易。

庄子曾说："万物方生方死。"简单地说，就是世间的一切事物都是处于不断的发展变化之中的，没有哪一刻的事物是完全相同的，在每个时间点上，都有旧我的消失与新我的产生。也正如梁启超所说："以今日之我非昨日之我。"是的，每个人都应当时刻向前看，活就要活得洒脱、自然。

有一天，寺院中的方丈将弟子叫到自己的门前，问道："你们说说，你们每天托钵乞食，究竟是为了什么呢？"

弟子们不假思索地回答道："是为了滋养身体，保全生命。"

"那么，肉体的生命到底能维持多久呢？"方丈接着问。

"平均算起来，有情众生的生命大概有几十年的时间。"一个弟子回答说。

"看来，你还并没有弄明白生命的真谛到底是如何。"方丈摇头叹气地说道。

另一个弟子则想了想说道："人的生命在春夏秋冬之间，春夏萌发，秋冬凋零。"

方丈还是摇摇头道："还不够，你能觉察到生命的短暂，但也只是看到生命的表象而已。"

"方丈，我明白了，人的生命就在于这饮食之间，所以每天才要托钵乞食呀！"又一个弟子欣喜地答道。

"这并不对，人生在世，有很多事情要做，人活着不只是为了乞食而已！"方丈纠正他道。

弟子们面面相觑，皆是一脸的茫然，这时候，一个烧火的弟子抬头说道："依我看，人的生命恐怕是一呼一吸之间吧！"

方丈听到便微笑着点头。

正所谓"一花一世界，一叶一菩提"。生命的真正奥妙，不过存在于一朵寻常的花叶间，存在于一呼一吸之间，看似微妙，却像流水一般易逝。故事中的诸弟子的回答反映了不同的人生状态，人有贪念也有惰性，绝大部分人并未真正懂得人生的意义，人们拼命追求，想要实现幸福最大化，却未从根本上弄清楚自己想要的幸福到底是什么，由此，追求也变成了挣扎。佛家说人生有八苦：生、老、病、死、求不得、爱别离、怨憎会、五阴炽盛，这些犹如牢牢套在头上的紧箍咒，谁又能说自己能够逃脱呢？没有烦恼则不是人生，这些都是很正常的现象，生有时只有明了这个最大的根本，在这生死之间珍惜拥有，才能够达到顺其自然的生命状态。

在思索生死问题的过程中，人会变得日渐深刻。生亦何欢，死亦何苦，那些苦苦追寻长生之道的人，不过没有参悟生死的大端，未能实现自我生命的超脱罢了。

佛家的宗衍禅师说道："人之生灭，如水一滴，沤生沤灭，复归于水。"也就是在告诉世人，不要过于注重生和死这两个形式，真正要注意的是这之间的过程，生不贪求，死不畏惧，过好生命中的每一天才是一种睿智，这也是对人生无常中有常的把握，如果连生死都能够参悟，那么对于人生的八苦又有什么好恐惧的呢？

在对待生死的问题上，季羡林也十分认同佛家的观点。他认为，死是生的一部分，人从出生到长大成熟再到死亡，人生只有经历了死亡才算是圆满，这是一个自然的过程。恐惧、强求、害怕都是没有必要的。如果能够在现世中做到洒脱、自在，生死齐一，人生也就接近了逍遥的状态，也是自然的生命之道。

因此，当你真正能超脱生死的时候，便会对世间的凡俗的事情看得淡一些，对于眼前想不通的事情抱有一颗平常心。如此一来，生命就会多一分从容和淡定，生活也自然会少一些计较和烦琐。

9. 开启自己的心智

一语惊醒梦中人。谁是梦中人？绝大多数人都是梦中人。有的人活着只是身子活着，他的头脑是死的，是一堆垃圾；他的心灵是死的，是一片荒漠。所以，这是一个悲剧。

——北大课程引用名言

一位北大教授指出，只知道开发自己的身体，从来都没有考虑过他们的心智，他们放弃了自己的大脑才智而不用，相反却去求人，这种人是可悲的。他们放弃了精神力量不用，而在别人给的工作中牢骚满腹，怨声载道。其实，这位教授的观点是在表明这样一个道理：每个人的本性中都有自身的智慧，我们要依靠自己的双手和心智去开创属于自己的生活，而不应该将生的希望寄予他人，活在他人所安排的生活之中。

其实，每一个生命都是圆满的、纯真的，这便是佛教中所说的"如来藏"，意思是说从娘胎里面所带来的觉悟性，但是世人却不知道这个觉悟性的可贵，一味地向外去寻求，最终使自己长久地处于迷惘之中，不知所向。就好比我们在学习的过程中需要老师的指引，但是老师只会指给你学习的方法，剩下的是需要靠你自己顺着老师所指导的方法去寻找答案了。如果你一味地指望老师的指导，不懂得去审视自己，主动去开启自己的智慧，那么，你的人生一定是迷乱而苍白的，内心也一定是迷惘的。

曾经有一位乞丐，衣衫褴褛地在路边行乞了 30 多年。

一位陌生人经过，这位乞丐便机械般地举起他的行乞的杯子，可怜兮兮地说："给点儿吧。"

陌生人问道："我没有钱，也没有什么东西可以给你。"然后看看他的身后，便问道："你坐着的箱子里面是什么东西呢？"

乞丐回答说："只是一个旧箱子而已，里面什么也没有。从我记事时，就一直坐在它的上面。"

陌生人问道："你打开过箱子吗？为何不打开看看里面是什么呢？"

乞丐这样回答道："不用打开了，里面什么也没有！"陌生人坚持道："打开看一看吧！"

乞丐这才试着慢慢地打开锁在箱子上的生锈的锁，令人意想不到的事情却发生了，箱子里面装满了钱物。

乞丐行乞 30 年，却因为他并没有停下来检讨自己的行为，才使自己的人生陷入凄惨的状态。如果他能够用一点点的时间来审视自我，开掘自我智慧，便可能不会迷惘地在人群中行乞了。

现实生活中的我们，又何尝不是如此。因为不懂得去审视自己，所以才迷失了自我心智，从而使自己忘掉我们的本性原来是如此的富足。然后，又让自己碌碌无为、稀里糊涂、穷困潦倒地奔波在人生的道路上面。殊不知，自己原本是拥有无尽的财富的，那便是自我的本心本性，自身所掩藏的无穷的智慧。

10. 依靠自己的智慧，学会"自度"

昏睡不是人生，昏睡没有价值。一个真正的人，应该是一个醒着的人，一个有自主能力的人，一个有自己独特见解的人，而不是盲从的人，不是跟屁虫似的，不是一味依靠他人来改变自己命运的人。

——北大课程引用名言

在生活中，很多人都有这样的经历：一遇到困难，第一反应就是求助于父母、朋友、同事……我们认为他们是可以信赖、依靠的人，一旦得不到帮助，便心存抱怨，万分沮丧。殊不知，他们只是生命中短短的一座桥，甚至是一个过客，不是自己可以长久依靠的肩膀。

所谓"各人吃饭各人饱，各人生死各人了"。凡事皆是自作自受，唯有自己才可以改变自己的命运，自己的行为，决定自己未来的一切。凡事也要靠自己，别人是替代不得的。

曾经有一个马车夫，赶着马车行走在泥泞的道路上，因为马车上装满货物，所以前进得十分艰难。

忽然，马车的车轮深深地陷进了烂泥中，马怎么用力也拉不出来，无论车夫怎么用鞭子抽打马的身体，还是拉不起来。

车夫站在那儿，无助地看看四周，时不时喊着"帮忙呀"。

后来，终于来了一个人，不过是个老者，他走过来对车夫说："把你自己的肩膀顶到车轮上，然后再赶马，这样你就会得到神助。"

马车夫按照他的方法，用肩膀顶着车轮，果然走出了泥泞。

其实，真的有人帮助了马车夫吗？真的有什么帮助马车夫吗？完全没有，帮助他推车的就是自己的肩膀，就是他本人。如果他不用肩膀去顶，那么马车无论如何也无法推走。

常言道："求神不如求人，求人不如求己。"与其把希望寄托在神鬼身上，不如自己去努力。

人生在世，每个人都渴望能够获得幸福和快乐，但是很多人却将希望过分地寄托在他人的身上，而不愿意自己努力，只想苛求他人，所以，总会感到心累，总是不能够称心如意。自助者，天助之。人生在世，难免会遇到困境。如何才能彻底摆脱困境呢？极为关键的一点，就是要拥有一颗自度之心，依靠自己去努力，不去苛求他人，就能活得自在，活得惬意！

11. 没有什么能拿走你的价值

还有另一类昏睡者，他们的经济改善了，小日子过得无忧无虑，于是他们就陶醉在这样的日子里，不求上进，不思进取，就这样打发着自己的余生，这也是一个悲剧。

——北大课程理念

要修炼心的醒度，就要在前进的过程中，记住一点：无论发生什么事情或者将要发生什么，我们从来不会失去自己作为一个人的价值，没有什么能够拿走它。

其实，我们每个人都是有极大的价值的，但是真正认识到这一点的却很少。在我们的内心深处，我们的价值有多大，我们就会发挥出多大来。在生活中，我们从来不会发现一个自认为毫无价值的人能够获得成功。每个人都是无价之宝，我们要学会用钻石的眼光去审视自己，这才不至于使自己的内心一直处于迷惘的状态中，才不会使自己一直在贫困线上挣扎不已。

为此，在任何时候，我们都不要抱怨周遭人、事、物对自己的折磨，如果我们愿意用意志去掌握命运，绝对可以让自己的人生再度发挥价值。

联合保险公司董事长克里·蒙史东自幼丧父，因为早早地体恤母亲持家的辛苦，从小便懂得以外出打零工来补贴家用。

有一次，当他走进一家餐馆准备向客人叫卖报纸时，却被餐馆的老板赶了出来。然而，蒙史东却一点也不想放弃，他就趁着餐馆老板不在意的时候，又偷偷地溜了进去。只是他的脚才刚刚踏进去，就被餐馆的老板发现了。餐馆老板一气之下就在他身上狠狠地踹了一脚。

对此，蒙史东只是轻轻地揉了揉屁股，便又拿起手中的报纸，再次向在场的客人叫卖。因为客人看他勇气十足，便纷纷劝请老板给他行个方便。于是，蒙史东那天虽然被踢得很痛，但是口袋里却装满了钱。

从小，蒙史东便有极强的进取心，遇到困难从不唉声叹气，也从不叫屈。一旦确定了目标，便不会轻易放弃。在他中学的时候，他就开始投入保险行业，刚开始，他所遇到的困难与自己当年卖报的情况一样。但是，他却经常安慰自己说："自己是最棒的，反正做了又没什么损失，要立马去行动！"

于是，他便鼓起了莫大的勇气，一次次地走进城市的一间又一间的办公室中。终于，他卖出了一份又一份的保险。在他 22 岁那年，他便成立了一家自己的保险经纪公司，开业的第一天，他就在繁华的大街上卖出了第一份个人保险。接下来他不断地突破自己的纪录，曾经创下每四分钟交一份保险合同的奇迹。

克里·蒙史东的成功就来自于他勇于在磨难和挫折面前自我肯定。在这个实力决定竞争的时代，在抱怨别人不够重视自己之前，一定要先审视一下自己：究竟有多少能力，有没有及时肯定自己的价值，有没有在跌倒之后再站起来的决心与勇气。不管时境如何变迁，只有不肯轻易否定自己的人才不会败下阵来，才会受到别人的重视，才能被鲜花与掌声所萦绕。

你就是你自己，无论周围的人和环境如何变，都无法拿走你的价值。所以，在我们面临挫折、痛苦、打击的时候，我们千万不要丧失自信，不要觉得自己一文不值。你就像那 10 美元钞票一般，无论发生了什么，都从来不会失去自身的价值。只要你勇于肯定自己，以坚定而乐观的态度去面对一切的困难险阻，那么，你的内心便会再次充满梦想，便能再次创造出巨大的辉煌。

12. 命运永远握在你的手中

除非内在的眼睛打开，除非你的内在充满智慧之光，除非你能够看到你自己，除非你知道你是谁，否则不要认为你是清醒的。

——北大课程引用名言

要保持清醒的状态，就要时刻能够把握自己的命运。不必因为生命的磨难而消沉，将自己掩埋在颓废之中，时刻能够认清楚自己，做命运的"掌舵者"！

汤姆·霍普金斯是世界最为著名的推销大师之一。早些年，他在担任某公司的推销经理时，一些居心不良者曾经到处散布他所在公司发生财政危机的谣言。谣言一出，公司内部的销售员的向心力与工作热情便大减，最终导致公司的整体业绩开始下滑。

由于情况较为严重，汤姆·霍普金斯为了挽救局面，不得不召开一次大会。在会议刚刚开始的时候，他首先请业绩最好的几位销售员站起来，要他们说明一下近来公司销售量下滑的原因。这些销售员一一都站起来，不是将原因归咎于经济不景气，就是抱怨公司内部的广告做得不到位，再不就是说近来市场上消费者对产品的需求缩减。

听完他们所列举的种种困难后，汤姆·霍普金斯突然站起来让大家肃静。随后便接着说："停，我们的会议暂停十分钟，我现在要把我的皮鞋擦亮一些。"

紧接着，他就将公司附近的一名小鞋匠带到会议室中来，把他的皮鞋擦亮。参加会议的销售人员都不明白他的举动到底是何用意，禁不住窃窃私语。

而那位小鞋匠利索地擦着皮鞋，表现出了最为专业的擦鞋技巧。

等皮鞋完全擦亮后，汤姆·霍普金斯就递给了小鞋匠一美元钱，然后开始重新发表他的演说。他对所有的人说："我希望你们每个人好好看看这位小鞋匠，他每天都要擦上百双皮鞋，可以为自己赚取足够的生活费，并且每月还可以存下一些钱。他曾经告诉我，他将擦鞋的工作已经当成了一项艺术来做。同他在一起的还有另一位小男孩，年纪要比他大些。比他大一点的这个男孩每天都很尽力，但是，仍然无法赚取足够的生活费。现在，我想问你们一个问题，那个大男孩拉不到生意，是谁的错？他的错，还是顾客的错呢？"

"当然是那个孩子的错。"大家异口同声地说道。

"当然没错了！"汤姆·霍普金斯回答，"现在我要告诉你们，这个时候与一年前的情况是完全相同的，同样的地区、同样的对象以及同样的商业条件，你们的销售业绩却远远比不上去年，这到底是谁的错？是你们的错，还是顾客的错？"

全体推销员全部都站起来，又发出雷鸣般的回答："都是我们的错！"

汤姆·霍普金斯说："我极为高兴你们能够坦率地承认你们的错误，现在我要明确地告诉你们错误在哪里。你们一定是听到了公司财务发生问题的谣言，才动摇了你们的销售理想，影响了自己的工作热情。不是由于市场不景气，而是你们的推销工作不如以前那样卖力了。现在，只要你们回到自己的销售区去，并保证在 30 天内提高自己的销售业绩，公司就绝对不会出现财务危机，你们能够做得到吗？"

"做得到！"几千名员工一起大声地喊起来。最终，他们果然办到了，还使公司的业绩突破了历年来的最高纪录。

外界环境根本无法羁绊你，左右你命运的往往是内在的自己。你失败、你痛苦、你烦恼，皆因你的内心决定。

一位哲学家说："人来到这个世界上，做任何事情都要全力以赴。哪怕是最为卑微的职业，只要你全力以赴，便能做到最好。"就像故事中擦皮鞋的小男孩一般，只要全身心地投入进去，内心便不会感到迷惘，也就能远离一些消极的情绪了。如果我们每个人都能够全身心地投入到自己的工作中去，即便你的能力再一般，也可以改变自己的命运，取得良好的成绩的。

13. 唤醒生命的内在激情

我觉得，中国人民在过去几千年的历史上成就了许多美德，其中一条便是"鞠躬尽瘁，死而后已"。

——季羡林

要保持清醒的状态，就必须要对生命和生活保持热忱，随时唤醒个人的内在激情。伍罗·威尔森说："没有热忱，世间便无进步。"热忱是一个人对某项事物达到狂热程度的积极热情的一种态度，热忱的性格犹如胶水，在你遇到困难，梦想摇摇欲坠的时候，它能够让你有足够的信心再次坚持下去。当周围的人在大声喊叫"不，你做不了"的时候，它就会轻轻地在你耳边对你说："我早晚能够做到!"如果你拥有热忱，那么，你的生命就能时刻充满激情，充满幸福感和快乐感。

弗烈得利克·威廉森说："我活得愈久，便愈确定热忱是所有特性中最重要的。通常，一个成功者和一个失败者的技艺、能力和才智差异并不很大。假使有两个人，以同等的能力、才智、体力与其他的重要特性开始，会出人头地的是那个满腔热忱的人。同时，一个能力平平却保持着热忱的人，往往能超越一个能力强却毫无热忱的人。"一个拥有热忱性格的人，无论多大的年纪，都仍旧充满青春活力，就是因为他们始终能保持一颗赤子之心。大提琴家卡隆尔斯在 90 岁时，每天早晨都会先弹奏一下尼哈的乐曲，乐声从他的指间飘过时，他会把弯曲的腰背挺直，两眼再度流露出欢欣的神色。

对卡隆尔斯来说，音乐是长生不老的灵丹妙药，使人生变成永无止境的探险。正如作家兼诗人欧尔曼所写的那样：岁月使皮肤添加皱纹，失去热忱性格却令心灵发皱。

"热忱"一词其实源于希腊文，意思是"内在的神"。"内在的神"其实就是一种历久不渝的爱，也就是适当地爱自己，并且将这份爱推及他人。

热忱是一股伟大的力量，它可以补充你的精力，不断地为你充电，并形成一种坚强的个性，激发你的潜能，让你充分发挥自身的优势和潜力去应对你的事业，达到最终的成功。

一个拥有热忱性格的人，是不会以金钱、地位和权力为目的去工作的，他们从内心真正地热爱他们所从事的职业，甚至会将工作当成他们生命的一部分，全身心地投入，所以更容易做出成就。有一次，一位记者问比尔·盖茨："你成功的秘诀是什么？"盖茨答道："对工作的热忱！"

对方又问："你的热忱主要来自哪里？"

比尔·盖茨回答道："我在很早的时候就听过一句话，是说'在我不再以金钱为目的而工作之前，我连一个铜板也赚不到'。"

总之，热忱可以用来补充你的精力，激发你的生命潜能，并形成一种坚强的个性。那么，如何才能让自己拥有热忱的性格呢？其实，发展热忱的性格很简单。首先，一定要从事自己最喜欢的工作，或者提供最喜欢的服务。如果因为情况特殊，目前无法从事自己最喜欢的工作，那么，你也可以采用另一种有效的方法，那就是把你将来要从事的最喜欢的工作，当作是自己人生的目标，这样你就能全身心地投入当下，不断地向那个目标前进。

总之，没有热忱的性格，很难让生命唤发激情，成就任何事业，因为无论多么恐惧、多么艰难的挑战，热忱的性格都赋予它新的含义。缺乏热忱性格的人，注定要平庸地度过一生；而有了热忱的个性，你才能够让生命迸发出出人意料的奇迹来。

14. 别轻易封闭自己

清醒就是生命的方式，愚蠢的人昏睡，就好像他已经死掉一样。但佛陀是清醒的，他永远活着。他观照，他很清楚。他是多么的快乐！因为他了解清醒就是生命，他是多么的快乐！遵循着醒悟者的途径。他坚忍不拔地静心，追寻自由和快乐。

——北大课程引用名言

现代社会，随着通信业的发展，有越来越多的人便喜欢"宅"在家里。于是，"宅男宅女"便成了社会的一种时尚，虽然这只是一个人的生活方式，不会对他人造成任何的影响，但是久而久之，势必会使自己愈加封闭，使自己的思想行为与社会产生偏离。而季美林在给老朋友的忠告中，就提出这样的一条："切忌自我封闭"，虽然他主要针对的是老年人，但是也是对当下我们的一种忠告。

要知道，封闭自己不仅仅是对自己的一种空间上的限制，更重要的是思想上的禁锢，久而久之，整个人会因为看不到外面的阳光而变得阴暗起来。

一家有兄弟二人，年龄也只不过四五岁。他们的卧室的窗户每天几乎都是密闭着的，屋内十分阴暗，兄弟俩的心理也变得十分阴暗，每天都闷闷不乐的，对什么事情都提不起兴趣。每当看到外面灿烂的阳光，就觉得十分羡慕。于是，兄弟两人就商量："我们是否可以将外面的阳光扫一点进来。"

于是，兄弟俩每人拿了一把扫帚和簸箕，到阳台上去扫阳光。等他们小心地把扫进簸箕里的阳光搬到房间里的时候，阳光却不见了。

　　这样他们再而三地扫了好多次，屋内还是一点阳光也没有。正在厨房忙碌的妈妈看到他们的奇怪的举动，就问道："你们在做什么？"他们说："卧室里太暗了，我们要扫一些阳光进来。"妈妈笑道："你们只要把窗户打开，阳光自然就进来了，何必要去扫呢？"

　　如果将窗户紧闭，阳光自然是无法进来的。而如果我们把自己的心门关得太严密了，快乐的阳光无法进来驱散不良的情绪，久而久之也会使自己变得抑郁起来。

　　每个人的内心，在刚开始都是敞亮的，内心充满了温暖的阳光。然而，随着年龄的增长与经历过种种的挫折与失败之后，心中的大门便关闭了，只留下黑暗与阴影了。总是害怕他人会窥视到自己的秘密与伤痛，总是担心有人会伤害到自己脆弱的心灵。于是，我们在与别人相处的过程中，便有了防御之心，有了人为的高墙与不可逾越的鸿沟。

　　在很多时候，我们的心也曾会泛起过阵阵的涟漪，也想敞开心扉让紧闭的心灵舒一口气。然而当我们打开一点点小缝，却发现别人的心依然如故，于是我们怕了，我们就退缩了。因为我们还在乎那不值一文的可怜的自尊，因为我们是自私的，我们是贪婪的，我们没有容人的心量，心中只有我们自己。

　　其实，扫除内心的黑暗与阴影非常简单，只要把自己的心扉敞开，让阳光照进来就可以了。无论别人如何对待你，因为你是你自己，你不是别人，你所做的一切，都是为了你自己。当你真正打开你的心扉时，就会觉得天地真的很宽敞，心的舞台也是极大的。

　　另外，在生活中遇到不快的时候，最好的方式就是将自己平时的不良情绪以适当的方式发泄出来，及时敞开你的心扉，给自己的内心增加一些快乐的阳光。发泄的方式也是多种多样的，比如和家人一起外出度假，多出去散步，出去运动等等。只要光亮走进来，一切的阴霾都会烟消云散。所以，不要再犹豫了，打开心灵的窗户，让阳光及时照进来吧！

15. 认认真真过人生

如果嫌眼前的日子过得不够仔细，所谓仔细应该是：多一些典雅，少一些粗暴；多一些温柔，少一些莽撞；总之，多一些人性，少一些兽性，如此而已。

——季羡林

在任何时候，只有你认真地去生活，生活才会同样认真地对待你。当你以积极和乐观的心态对待生活时，你就会发现，生活处处充满了情趣与乐趣；而若你以消极、悲观的心态对待生活，就会发现，生活处处都是阴云，人生也总是处于迷茫的状态。

有个叫良宽禅师的高僧，毕生都在寺中修行参禅，从未懈怠过。到老年的时候，有一天，从家乡传来一个不好的消息，有人告诉他说，他的外甥不务正业，每天吃喝玩乐，马上就要倾家荡产了。家里人都没办法，希望禅师舅舅能帮助他的外甥，劝他改过自新。

良宽禅师于是就不辞辛劳地走了3天的路程，回到了家乡。良宽禅师终于见到了自己的外甥，这位外甥也极为热情，就留舅舅在家过夜。

良宽禅师在床上禅坐了一夜，第二天早晨离开的时候，就对外甥说道："我想我真是老了，两手直发抖，你能不能帮我把鞋带系上？"

外甥高兴地帮了禅师，还说给舅舅系鞋带也是分内的事情。良宽禅师慈祥地说道："你看，人老的时候，就一天比一天衰弱。我看你本质上是个好孩子，你要趁年轻的时候学会做人，要把事业基础打好，不然到年老的时候，就会为自己碌碌无为的一生而后悔。"

禅师说完，转头就回去了，对于外甥的任何不好的行为只字未提，众人都觉得很奇怪，认为禅师对此也没有什么好的办法。但是，自从禅师走后，他的外甥再也没有去花天酒地，而是从此专心开始做自己的事业了。

禅师虽然未说破什么，但是却暗含着对外甥的期待，希望年轻人能够珍惜时间，对自己的将来负责，把自己的生活安排好，而不是整日浑浑噩噩，生活在迷惘之中。

关于认认真真的生活，在北大任教的季羡林则具有十分积极和认真的人生态度，他很是善于发现生活中的美。他爱荷花，便在朗润园的池塘里种上了荷花，不怕辛苦和麻烦地每天都要去看几次，终于长出叶子来，他连日的辛苦总算没有白费。几年之后，这里的荷花越来越繁茂，已经把不算小的池塘填满，每到夏天，这里就异常热闹，而这些荷花也被人称为"季荷"。另外，他自小就喜欢小动物，于是就在家里养猫，并将猫当成自己的家人，与它们同睡同吃，猫生病了他也吃不下饭，猫死掉了心里也异常难过。他就是这样一个人，能够仔细认真地对待身边的一切事物，不仅让这些事物变得好，也给自己的生活增添新的色彩和乐趣。

其实，所谓的好好生活，就是以积极、乐观的心态对待生活中的一花一草，并有目标地安排自己的人生，充满希望和期待地过好每一天的时光，这是对生命的尊重，也是对生活的致敬！

16. 做你喜欢做的事，活真实的自己

人活一辈子，不是活时间。我喜欢一句话：活真实的自己。可能结果不是预期的那样美好，不管你有多少经历，你最终得到的就是你付出最多、感受最深的自我。如果你一直是个观望者，那么，你将一无所有。

——北大课程引用名言

作家李友斌说："做你爱做的事并不是意味着生活过得轻松，但绝对可以活得更精彩。"每个人都有自己的生活目标或生活愿望，但是，很多时候，我们却迫于现实的无奈，无法做自己喜欢的事，无法活出真实的自己。

在现实生活中，你是否想过这样的问题：当你生命快要终结的时候，你会觉得自己的此生了无遗憾了吗？你想做的事情都做了吗？你究竟有没有想过去过一下自己想要拥有的生活？你究竟有没有真正快乐过，真正开怀大笑过呢？

凯伦·泰勒是美国加利福尼亚州的一个平凡的上班族，她在自己 45 岁的时候，做了一个疯狂的决定：放下薪水优厚的律师工作，带上了一些干净的衣服，决定去尝试她一直以来的一个生活愿望：到美国东岸北卡罗来纳州的"恐怖角"去走一趟。

一路上，她靠搭便车与陌生人的帮助，横越美国，去实现自己的理想。这是她在精神崩溃时所做的一个极为仓促的决定。因为在某个午后，她"忽然"哭了，她扪心自问：如果今天是生命的最后一天，我回首往事的时候，会感到遗憾吗？

对于凯伦来说，答案是十分肯定的。虽然她有稳定收入，且有

让人羨慕的工作、体贴的丈夫、可爱的女儿，但是她发现自己这辈子从来没有下过什么赌注，她的人生太过平顺，从来没有经历过高峰或者低谷。

她为自己异常懦弱的前半生而痛哭流涕。

一念之间，她决定要去做她这一生最想做的事情，那就是去冒险。她选择了卡罗来纳州的恐怖角作为最终的目的，借以象征她征服生命中所有恐惧的决心。

她开始不断地检讨自己，很诚实地为她的"恐惧"开出一张清单来：自小就害怕保姆、怕邮差、怕狗、怕蛇、怕黑暗、怕站在高处、怕孤独、怕荒野、怕失败……生活中的事情，也无所不怕。

当她踏上她的梦想之旅时，还曾接到这样的纸条："你一定会在路上被人谋杀。"但是最终，她成功了，顺利穿越了"恐怖角"，行程 2000 多千米的路，得到 82 个陌生人的帮助。

在此过程中，她没有接受过任何金钱的馈赠，在风雨交加的夜晚，她曾经睡在潮湿的睡袋之中。在行程中，她遇到几个像分尸案杀手或者抢劫犯的家伙，当时胆战心惊；她在游民之家，依靠打工换取住宿，住过几家夫妻不和睦的家庭，看到过夫妻俩打架；还遇到患有精神病的人。经历过这些，她终于来到"恐怖角"，并在此游历了一番，完成了她多年的心愿。

她回来之后，有人问她："假如当时生命遇到了危险，还剩下一天，你会干些什么？"

她说："如果我只剩下一天，我会发邮件告诉我的爱人我对他的爱。"

"如果我只能活一天，我会坐在海边，去欣赏夕阳……"

假如你的生命只剩下一天，你会做些什么呢？可能多数人都希望能够做些一直想做但还没有来得及去做的事情。那么，你现在还在等什么呢？为何要等到只剩下"最后"的一天，才愿意动手去做这些事呢？为何不趁现在还活着，立即去做，让生命了无遗憾呢！

现实生活中，我们多数人的一生都是这样度过的：求学时，拼了命地想进一流大学学习；随后，巴不得早些毕业找一份好的工作；紧接着，你迫不及待地想恋爱、结婚、生孩子，最终，你又天天企盼着小孩子能快一点儿长大，好让肩上的压力减轻一下；后来，小孩长大了，你又恨不得自己能赶快退休，能享享清福；最后，到真的要退休了，你却老得连路都走不动了……当生命快结束的时候，才发现曾经想去的地方都没能去过，想吃的都没抽出时间去享受，想玩的也从未去玩过。

这是大多数人的人生写照，劳碌了一生，时时刻刻都为生命担忧，为未来做准备，一心一意计划着以后所发生的事情，却忘记着眼于"眼前"，等时间一分一秒地溜走，才发现生命留下了太多的遗憾。

一位作家说过：当你存心去寻找快乐的时候，往往找寻不到，唯有让自己活在"当下"，全神贯注于当下的事物，快乐才会不请自来。或许人生的意义，不过只是嗅嗅身旁的每一朵绮丽的花朵，享受一下一路走过的点点滴滴而已。毕竟，昨天已经成为永久的历史，明日尚未可知，只有准确地把握"当下"，听从自己的内心，做自己喜欢做的事情，才能让生命不留遗憾。

第 10 章

心的深度提升课

1. 看得透，想得开

雨过天晴，云开雾散，我不但"官"复原职，而且还加官晋爵，又开始了一段辉煌。原来是门可罗雀，现在又是宾客盈门……任何一个人，包括我自己在内，以及任何一个生物，从本能上来看，总是趋吉避凶的。因此，我没怪罪任何人，包括打过我的人。我没有对任何人打击报复。并不是由于我度量特别大，能容天下难容之事，而是由于我洞明世事，又反求诸躬。假如我处在别人的地位上，我的行动不见得会比别人好。

——季羡林

一位哲人说，只要你觉得痛苦，那就是没有看透和想开。看得透是识，想得开是悟。生活中，要想看得透，必须要有超人的智力。看得透是开智，想得开是心胸。

生活中，多数人之所以会纠结、痛苦、烦恼、焦虑，就在于看不透也想不开。人在看不透的时候，其心灵之门是封闭的，什么也看不清楚，搞不明白，自然也想不开。那么，快乐和幸福便自然很难靠近。

张强因为小时候的一次疾病，导致其双目失明。为此，他长大后，一直为自己的这个生理缺陷而倍感沮丧。他悲观地认为自己这一双"瞎了的"眼睛，让他看不到世界的任何光亮和色彩，他感觉自己的人生一片灰暗，于是，不再对人生和生命抱有任何的幻想，只是浑浑噩噩地度日。

有一天，他偶遇一位智者，智者开导他说："世界上每个人都是被上帝咬了一口的苹果，都是有缺陷的人。有的人缺陷比较大，是因为上帝太过喜欢他的芬芳。"

张强顿时恍然大悟，心情也开朗起来了。从此，他就将失明看作是上帝对自己的特殊的偏爱，便开始振作奋斗，不断向命运挑战。后来，他成了一名远近闻名的优秀按摩师，为许多人解除了病痛。

由此可见，人只有看得透，才能想得开，才能活得快乐。如果张强一直没有开悟，那么，他能够成功吗？人的一生中，挫折、坎坷都是难免的，痛苦和欢乐也是同在的，烦恼与幸福也是共存的。你对生活苛求越多，遭受的痛苦也就会越大，这就是心理学中所说的智能越高，对苦闷的体验就会越敏感的道理，也是人生真谛。

命运不会亏欠谁，只要看透生命真谛，看透人生真理，看透与人相处，看透成功奋斗，谁的头顶都有一方蓝天，谁的心中都能呈现出一片花海。

唯有看得透的人，才能想得开，才不会因生活中的小事而生气，才不会斤斤计较，才不会为过多的选择而纠结，也不会抱怨生活的不如意。人在想得开的时候，其心灵之门便是敞开的，什么都能看得清楚，人生的是是非非便能解开。那么，你就会被快乐和幸福所拥抱。一个人在看得透、想得开的时候，目光会盯着光明的前方，生命则处于一种开放和旺盛的状态。能看淡生活中的一切时，生命则处于一种"宠辱不惊，看庭前花开花落；去留无意，望天空云卷云舒"的和谐状态。

2. 明白人造就"因"，糊涂人追求"果"

其实，你真正的需要不多，而你追求的东西太多，因此，欲望愚钝了你的智力，掌控了你的情绪，从而使你浮在生活的表面，使你永远在追求人生的泡沫，执着于一场愚蠢的游戏而已。

——北大课堂引用名言

一位哲人说，舍掉欲望的同时，实际上也舍弃了灾难。可见，欲望是给人类带来灾难的主要因素。当然，要远离灾难，就要先看清生命的本质。要知道，丰厚的物质并非能给我们带来快乐和幸福，恬淡闲适的当下的生活，才是我们应该追求的。也就是说，生命不是一个结果，而是一个过程。聪明的人造就"因"，在过程中体味生命的乐趣，而愚蠢者则追求"果"，被欲望牵着走，劳心劳力，错失了生命最美的风景。

有一位西班牙富商，在海边的一个渔村度假，他在码头看到了一个渔夫从海中划着一艘小船靠岸。船上装了很多的鱼，就对渔夫的捕鱼技术感到由衷的佩服。于是，就向他提议道："您每天毫不费力就能抓到如此多的鱼，为何每天只花一小会儿时间去捕鱼呢，如果您多花些时间，这样你就可以捕到更多的鱼了。"渔夫说道："这些鱼已经完全够我一家人生活的了。我为何要捕那么多呢？"

商人又说道："你每天除了捕鱼外，剩下的时间都用来干吗呢？"渔夫说道："我每天要做的事情有很多啊，我每天可以睡到自然醒，然后再出海抓几条鱼，回去和孩子们玩一玩，到中午酒足饭饱之后再睡个午觉。黄昏的时候，再找几个老朋友喝顿酒，再弹会儿吉他，这日子过得很是惬意和满足。"

商人听罢摇了摇头，并且帮忙出主意："我是一所著名大学的经济学博士，我给你出个主意，完全能让你挣大钱。你现在应该每天多花一点时间去捕鱼，然后再攒钱买一条大船。到时候，你完全可以捕到更多的鱼，再买渔船，到时候你就可以拥有一个渔船队。你直接把鱼卖给工厂，这样可以挣更多的钱。然后你还可以开一家罐头厂。这样你就可以离开渔村，到城市里去做有钱人。"

渔夫问："我要达到这些目标需要花多少年的时间呢？"

商人说："大概十五年到二十年的时间吧！"

"然后呢？"

商人说："然后？然后你就会更加有钱，你足足可以挣到几个亿呢！"

"再然后呢？"

商人说："那你就可以退休了，你可以搬到海边的小渔村去住，享受清新的空气，每天睡到自然醒，然后出海抓几条鱼，回去和孩子们玩一玩，再睡个午觉。黄昏的时候到村子里找几个朋友喝点酒，再弹会儿吉他。"

渔夫听完，非常不解，他说："你说的这个生活目标，我现在就完全实现了呀！为何还要花那么多时间去不断地折腾自己呢？"商人最终无话可说。

终点最终又回到了起点，听起来有些可笑滑稽，然而，这也向我们阐述了一个道理，那就是人应该力求顺其自然，活得应该简单一些。这样可以使幸福持续得更为长久。你可以仔细地想一下：其实人生的最终追求不外乎如此，如果你感到此刻的自己是幸福的，又何必还去苦苦追寻那些劳累人心的妄想呢？

有人说，人生唯一有把握不会落空的等待是那必然到来的死亡。但是，人们都似乎忘了这一点而等着别的什么，甚至死到临头仍执迷不悟。其实，幸福的生活并不像富豪所说的那样，要拥有多么丰富的物质，要的只是一种无欲无求，健康平和，顺其自然的心态。明朝开国皇帝朱元璋在晚年，虽然锦衣玉食，享受人间富贵，却远没有少年时期每餐吃一种食物来得更为幸福。因此，我们在生活中应该懂得知足，少一些欲望，顺其自然，尽情地享受当下的生活，无论在任何时候都可以享受到幸福和快乐。

3. 生命是一次单程的旅行

人们常说"人生苦短"。人们一生劳碌奔波，为生存，为求知，为家庭，为事业，为更高的追求和目标。其实，人生就像七彩色，需要冷暖色系的合理配搭与协调，才会勾勒出灿烂绚丽的彩虹。

——北大课堂引用名言

要知道，生命是一次单程的旅行，苦难固然也是一道亮丽的风景，但却不可经历太多的苦难，否则，整个人生则会黯然失色，苍白无光。

有四个青年，他们在 20 岁的时候一同去银行贷款，银行答应要贷给他们每人一笔巨款，但是，条件是他们必须在 50 年内还清本利。

四个青年是如何支配这笔款的呢？

第一位青年先用这笔款玩了 25 年，而用生命的最后 25 年努力工作，以偿还债务，结果他活到 70 岁的时候，还仍旧负债累累，一事无成。他的名字叫"懒惰"。

第二位青年用前 25 年去拼命地工作，到 50 岁的时候就还清了所有的贷款，但是那一天他却累倒了，不久之后死于非命，他的骨灰盒上面挂着一个牌子，上面写着他的名字："狂热"。

而第三个青年在他70岁的时候，还清了所有的债务。但是，没过几天就离开了人世，他的死亡通知书上写着他的名字，叫作"执着"。

第四个青年，在拿到贷款之后，努力工作了40年，在他60岁的时候就还清了所有的债务，在他生命的最后10年，他成了一位旅行家，走遍了世界上的所有国家。在他70岁的时候，他仍旧面带微笑，人们至今都记得他的名字，就叫"从容"。

而当年贷款给他们的那家银行叫"生命银行"。

拥有一颗平静安宁的内心，要比那些汲汲于赚钱谋生的人更能够体验和享受到生命的精彩。俗话说，生活若是先甜后苦，会让后面的苦显得更苦；而如果是先苦后甜，则会让后面的甜显得更甜。先苦后甜固然是一种良好的生活方式，但是别忘了，人生苦短，不要让生命承载太多的苦，否则，生命会变得苍白无光，使生活失去其原有的缤纷的色彩。唯有内心的平静和安享，才能让人领略到生命的真谛和精彩。

一位在外企供职的银行职员曾经在日记中这样写道："我们总是处于人群之中，在喧闹的人群之中听不见自己的脚步声。我们总是被家人、朋友所围绕着，耳边也总是充斥着噪音、喧哗，忍受着繁忙工作与家庭琐事的无穷折磨。我们每天的神经都绷得紧紧的，丝毫得不到喘息的机会，这也让我们的生命失去了其原有的光彩。"为此，我们要在有限的时间内安享生命的精彩，就要学会停下脚步，别让注意力在宇宙间漂浮，不被焦虑所困，让心灵回归静止、宁静，让自己回到童稚时期的天真状态，这样我们才能清楚地知道自己是谁，以及生命的目的是什么。

4. 经得起"沉"的人，"浮"起后生命力才强

知识不是力量，智慧才是。

——鲁迅

米兰·昆德拉曾说："一切重压与负担，人都可以承受，它会使人坦荡而充实地活着，而最不能使人承受的恰恰是轻松和无聊。"生活中，一个人如果没有压力地活着，松松垮垮，懒懒散散，无所事事，只会在无聊中消磨自己的锐气，钝化自己的意志力，这样的人生也注定是空虚、寂寞、孤独和无聊的，也是充满痛苦和忧愁的。只有经得起"沉"的人，"浮"起来后才有更强的生命力，也就是说，只有经得起生命不断打击的人，才能以更为坚韧的生命态度去面对以后的人生道路，才能创造出更为伟大的事业或成就来。

要知道，生命的过程，不是轻歌曼舞，更不是雅阁品茗，生命的意义在于负重前行，在于勇敢地承担各种各样的责任。负重的人生虽然会经历各种各样的磨难与不幸，但这种磨难与不幸只会成为你生命中最宝贵的财富，让你的生命变得更有韧性。

一艘货轮在海岸上卸货后返航，在浩渺的大海上面突然遇到巨大的风暴。船员们都惊慌失措，只有老船长沉稳机智，当机立断：打开船上所有的货舱，立即往里面灌水。

水手们极为担忧：往船里面灌水是非常危险的行为，这不是在自找死路吗？而船长却镇定地说："你们见过根粗叶盛的大树被风刮倒过吗？那些被刮倒的都是没有根基的小树！"

水手们就半信半疑地照着做了。虽然风浪依旧猛烈，但是随着货轮中的水位越来越高，货轮便渐渐地平稳了下来。船长告诉那些

松了一口气的水手：船在负重的时候，是最为安全的；空船行驶，才是最危险的时候。

船，负重则不会被打翻；人，又何尝不是呢？

漫漫人生旅途中，如果生命的担子太轻，一切养尊处优，就会精神空虚，迷惘无聊。这样的人生注定是无任何的价值的。因为没有负重的生命就如同一片枯叶一般，只需要轻轻一吹，就会随风而逝；而负重的生命却坚如磐石，任尔东西南北风，也会稳似泰山。

请记住：轻松的人生不一定优裕，却注定了一定会平庸，而只有经历了沉重打击的人，在"浮"起之后，生命力才能更为顽强。

5. 当你容不下生活时，生活也容不下你

世界上没有绝对的公平，公平只在一个点上。心中平，世界才会平。我们要学会给别人机会。

——北大课堂引用名言

生活中，我们与他人难免会产生矛盾，即便是心地善良的人，也难免会伤害他人。每个人的人生都不是一帆风顺的，每个人都会有情绪失控的时候，这时候，矛盾和摩擦便来了：要好的朋友之间，会因为一句闲话而争得面红耳赤，形同陌路；邻里之间因为一些小事而横眉冷对；夫妻之间会因为一些琐碎的事情而同室操戈，劳燕分飞……这些矛盾和摩擦造成的两败俱伤的局面，只会使彼此身心俱疲。要知道，当你心胸狭窄，容不下生活时，生活也不会容得下你，你将时时处于烦恼和痛苦之中，而唯有宽容待人，才能使自己超脱。

林肯在竞选总统前夕，在参议院演说时，遭到一个参议员的羞

辱，那参议员说道："林肯先生，在你开始演讲之前，我希望你能够记住你只是个鞋匠的儿子。"

"我非常感谢你使我想起了我的父亲，他已经过世了，我一定会记住你的忠告。我知道我做总统无法像我父亲做鞋匠那样做得好。"

参议院陷入了一片沉默。

他转过头来对那个极为傲慢的议员说："据我所知，我的父亲之前也为你的家人做过鞋子，如果你的鞋子不合脚，我可以帮你改正它。虽然我不是最好的鞋匠，但是我从小便学会了做鞋子的技术。"

然后，他又转过身对所有的参议员说："对参议院的任何人都一样，如果你们穿的那双鞋子是我父亲做的，而它们如果需要修理或者改善，我一定可以帮你们的忙。但是，有一点可以肯定，那就是他的手艺是无人能比的。"

说到这里，所有的嘲笑化作了真诚的掌声。

有人曾经对林肯对政敌的态度给予了批评："你为何要试图让他们变成你的朋友呢？你应该想办法打击和消灭他们才是啊。"

"我们难道不是在消灭政敌吗？当我们成为朋友时，政敌就不存在了。"林肯总统十分温和地说。

今天在以林肯的名字命名的纪念馆的墙壁上面，也曾经刻着这样的一段话："对任何人都不怀恶意；对一切人宽大仁爱；坚持正义，因为上帝使我们懂得正义；让我们继续努力去完成我们正在从事的事业；包扎我们国家的伤口。"

由此可见，宽容是消灭敌人的最有效、最良好的方法。人要善待自己，活得幸福，没有点包容之心是不行的。也就是说，要想使生活过得更为惬意，就要把自己的心胸打开，用坦荡的气度去容纳他人。一个人的胸怀能容得下多少人，就能够赢得多少人。与他人相处，对他人的要求不过分、不强求，以宽为怀，能让人时且让人，能容人处且容人。如此，感动了对方的同时，也是为我们自己搭了一座舒心桥，内心的安宁与快乐才会源源不断地涌来。

6. 及时行"孝"，别让生命链条断裂

有一些事情，当我们年轻的时候无法懂得，但当我们懂得的时候，已经不再年轻。世上有些东西有的可以弥补，有的却永远无法弥补，比如"孝"，就是无法重复、稍纵即逝的幸福，是一失足成千古恨的往事追悔，是生命交接的链条，一旦断裂，永远无法连接。

——北大课堂引用名言

你是否假设过这样的场景：如果有一天，你发现父母总是咳个不停，你会是什么感觉？如果有一天，你发现父母的腰不再能挺得直，身形变得佝偻了，你会是什么感觉？如果有一天，你发现父母离开我们了，再也见不到了，你将会是什么感觉？……那种刺心的疼痛，你是否体验过？体验了之后，你是否应该及时回到家，尽一尽你的"孝"道？

要知道，树欲静而风不止，子欲养而亲不在。在这个世界上，爱情、友情等都会随着时间的不断推移而褪色，被人所淡忘，而只有你与父母之间的血浓于水的感情才是亘古绵长的。如果有一天，就算全世界都抛弃了你，你的父母也不会！

刚刚上课，一位老教授就面带微笑走进教室，对同学们说："这堂课，要给大家做一个选择题。"一听到这话，同学都开始议论纷纷：做选择题？这可比听课有意思多了。

问卷表一发下来，同学们一看，有两道选择题。

1. 他很爱她。她漂亮的瓜子脸，弯弯的眉毛，面色也极为白皙，

美丽动人。然而，有一天，她不幸遇上了车祸，痊愈以后，脸上留下了几道大大的疤痕，很是丑陋。你觉得，他会一如既往地爱她吗？

A. 他一定会　B. 他一定不会　C. 他可能会

2. 她很爱他。他是商界精英，温文尔雅，敢打敢拼。突然有一天，他破产了。你觉得，她还会像以前那样爱他吗？

A. 她一定会　B. 她一定不会　C. 她可能会

这两个简单的选择题，同学们很快就做好交上了问卷。问卷收上来以后，教授们一统计，发现：第一道题有 5％的同学选 A，有 5％的同学选 B，有 90％的同学选择了 C。第二道题，有 20％的同学选了 A，20％的同学选 B，60％的同学选择了 C。

看完同学们的答案，教授笑道："看来，美女毁容比男人破产还让人无法容忍啊。"教授笑了笑，说道："做这两个题目时，你们潜意识中，是不是把他和她当成恋人关系了呢？"

"是啊。"同学们答得很整齐。

"可是，题目本身并没有明确说他们两个是恋人关系啊？"教授似有深意地看着大家。"现在，大家可以来假设一下，如果，第一道题目中的'他'和'她'是父女关系，第二题中的'她'和'他'是母子关系。让你们把这两道题再重新做一遍，你还会坚持你原本的选择吗？"

当问卷再次发到同学们的手中之后，教室中忽然变得很是宁静。一张张年轻的面庞变得凝重而深沉。几分钟之后，问卷收了上来，教授再一统计，两道题，同学们全部都选择了 A。

最终，教授用深沉而动情的语调说道："在这个世界上，有一种爱，亘古绵长，无私无求，它不会因为季节的更替而改变，不会因名利的浮沉而变化，这就是父母之爱啊！"

是的，世界上所有的爱都因这样或那样的原因会发生改变，而唯独父母之爱会亘古绵长，无私无求！看过了，想过了，懂得了，就要记住，世界上最爱我们的人就是家里的父母，我们要对他们永远心存感恩。想家了，给父母打个电话吧，过节了，给父母发条短信吧，父母其实是很容易满足的，我们的一个小小的举动就有可能会给他们带来无限的感动。

从现在开始，好好珍惜父母对你的恩情吧！在你还能表达自己对他们的敬意和爱时，不要吝惜自己的时间，不要吝惜自己情感的表达，因为他们对你付出了一生，你也亏欠了他们太多。在父母都还健在的时候，常回家看看，和他们坐下来聊聊天，说说你最近的情况，问问父母的健康，帮他们分担一些家务。多理解父母的唠叨，人老多情，这是再正常不过的事。我们也会有老去的那一天。只要让父母时刻感受到你的关心和孝顺，他们的心灵就会产生莫大的慰藉。与此同时，你的心中也会感到坦然和幸福。

岁月无情催人老，这是一个谁也无法避免的残酷事实。善待自己，就要马上付诸行动，不要等到父母离开我们时才感到无尽的懊悔，当现在成了过去，机会就会变得越来越少了！

7. 有些爱情，错过了可能就是一辈子

在自己最愉快、最荣耀、最悲痛时想到的那个人，就是你永远最爱的人。

——北大课程引用名言

爱情是美好的，也是短暂的。有种爱情错过了可能就是一辈子，有些人离开了，便是一生一世！所以，趁来得及，请好好珍视你身边那个爱你的人吧！要知道，缘分是个虚无缥缈的东西，不可捉摸，

我们要随缘而为。如果心中有爱，就大胆地说出来，哪怕是遭到拒绝，但至少自己亲自去尝试了，就不会后悔。

无论是漫长还是短暂的恋情，若是能换来有情人终成眷属，必定是好的。但是，幸福不是一劳永逸的事情，倘若你不懂得珍惜对方，美梦成真也许就是噩梦的开始。

男孩和女孩因缘而坠入了爱河。有一天，男孩和女孩牵着手去逛街，在经过一家首饰店门口时，女孩一眼就看上了玻璃柜中的那对心形的金耳环，很喜欢。

男孩当然看出了女孩的心思，但是他却没有钱，只好红着脸拉着女孩走了。几个月以后，女孩的生日到了。在女孩的生日宴会上，男孩送给女孩一对金耳环，正是那天女孩看上的那一对。

女孩兴奋地吻了一下男孩的脸，男孩却开玩笑地说："这对耳环，只是铜的哦……"女孩的脸顿时涨得通红，把耳环随手放在了裤子口袋中。自从宴会结束以后，女孩再也没看男孩一眼。

不久，一个有钱人闯进了女孩的生活，对方送给女孩很多金光灿灿的首饰。对女孩来说，那是一段极为幸福的时光。然而，不久之后，那位男人却突然消失了。

没有任何收入来源的女孩，生活一下子陷入困顿之中。于是，就拿着男人送给他的首饰到当铺去当。老板看了眼说道："你拿这么多镀金首饰来干什么？"女孩一下子愣住了。接着，老板的眼睛一亮，扒开一堆首饰，拿出最下面那对耳环说道："这倒是一对真金的，还值一点钱。"女孩一看，这不正是男孩送她的那条"假金耳环"吗？女孩整个人都惊呆了。

女孩决定去找那个男孩，可当看到那个男孩时，对方已经结婚了。看到男孩家中简单却充满温馨的摆设，女孩的眼睛湿润了，她知道，原本属于自己幸福，再也找不回来了……

看到结局，我们都不免为女孩感到惋惜。然而，人生没有彩排，有些感情，错过了，就是一辈子。真正懂得珍视自己的人，会珍视自己来之不易的感情，会在能爱的时候一心一意地爱，不给人生留下遗憾。所以，趁来得及的时候，请好好珍视你身边那个还可以牵手、拥抱的爱人吧！切莫等错过了再悲悲切切地呼唤：回来吧，我的爱！

8. 婚姻，等到你懂了，却可能晚了

让女人念念不忘的是感情，让男人念念不忘的是感觉。感情随着时间沉淀，感觉随着时间消失。终其是不同的物种，所以，谁又能明白谁的深爱，谁又能理解谁的离开。

——徐志摩

周阳是一位成功男士，但前不久，他离婚了。

有一天，他向朋友刘刚哭诉：他终于在离婚后才发现，原来马桶是需要经常刷洗的。原来照顾一对子女，竟然要花费如此多的心力和时间，而且还要失去自由。

"你前妻现在过得好吗？"刘刚问周阳道。

"她在离开我后，嫁给了一位成功人士，过得很幸福。"

刘刚接着问："那她没有回来看过孩子吗？"

"没有！"周阳十分平静地说道。

"她自己生的孩子，难道她不爱他们吗？"刘刚十分不解。

周阳喝了一杯啤酒，对朋友娓娓道来，他与前妻的种种经历。

他的前妻原本是个不错的女人，虽然婚前很爱玩，但是婚后一改从前，过着非常居家的生活。

第一个孩子出生之后，他便经常早出晚归，说是为了生意交际应酬。妻子很是体谅他在外工作的辛劳，没有丝毫的怨言。

第二个孩子出生了，他还是经常晚归，甚至还在外过夜。妻子多么希望他能够多付出一些时间，多陪陪她和孩子，多享受一下家庭的温馨，但是他仍旧经常以事业为借口，早出晚归，依然我行我素。婆婆是个异常保守且具有古老思想的女人，总是自认为儿子的种种行为，都是因为妻子做得不好的缘故，于是，时常对妻子极为冷淡。

在他们结婚的第十年，妻子终于对他下了最后通牒。妻子对他说："结婚十年了，你为这个家做出了什么贡献？为我做过什么？"而他却冷冷地说："我每天辛苦赚钱不就是为了你们吗，我让你们衣食无忧，这样的日子不是每个女人所羡慕的吗？"

妻子说："你认为只给钱就够了吗？一个女人要的就是这样的生活吗？"他不满地表示："不然你还要什么？让你衣食无忧，生活无愁，天天待在家里面，想做什么就做什么，你看看你周围有几个女人有你过的生活舒坦？"而妻子却说："结婚这么多年来，你根本看不出我的付出，看不到我的辛苦。你不知道为何你的孩子忽然间长大懂事，把这一切看成是那么的自然。"

他不满地表示："我难道没付出吗？没照顾你吗？给你钱花的人是谁？孩子之所以能健康长大，不是我辛苦赚钱抚养的结果吗？"妻子顿时无语，她知道，这一刻她该觉醒，该是离开的时候了。

终于，她提出离婚，无条件的离婚，不要小孩不要钱，只想离开这个让她不快乐，浪费她生命的男人。

说到此，周阳低着头不说话了，有些悲伤……

"你知道吗？自从离婚之后，我一直想为孩子以及自己，找个可以代替她的人。但是，我喜欢的，孩子都不喜欢。我到现在才明白，原来孩子不会自己长大，才明白家庭事务是如此繁重，原来带着两个孩子，哪里都去不得，原来马桶不会自己变得那么干净。"周阳终于明白了，原来的那个女人对他是如此重要……

人生如戏，在拥有的时候，一定要懂得珍惜，明白对方存在的意义，带给你的快乐，千万不要等失去对方，才明白对方原来是如此的重要。其实，我们每个人都生活在幸福之中，只是我们习惯了得到，便对对方视而不见，从而忽略了对方存在的意义。很多人总是在离别和失去之后，才懂得对方的重要。要懂得，人无完人，金无足赤，我们要用一颗包容的心，去善待对方，切莫等到对方离去时，才懂得珍惜。

9. 遗憾也是生命的一种美丽

所谓聪明，不过就是换个角度，变个说法。

——北大课程理念

每个人的生命都会或多或少留下一些遗憾，我们可能是因为这样或者是那样的原因没有好好地把握住，最终只能眼睁睁地看着它远去，我们会感到哀伤、难过，认为我们再也不可能触及它们，心中难免会留下伤痕和苦楚。

但是，你大可不必如此！其实很多时候，错过也是人生的一种美丽。错过并不意味着失去，而是意味着你可以保留对它的完美想象，也会让你的生命因为有了这些美好的回忆而精彩、美丽。

于枫是一家外企的管理人员，年纪轻轻，就年薪百万，可谓事业有成的成功人士。但是，因为这几年忙于工作，便把个人婚姻问题给耽误了。

有一天，突然下起了大雨，在附近的写字楼里上班的菲菲忘记了带伞。她只好无奈地站在公交站牌下等车。雨下个不停，菲菲的公交车还没有来。眼看着车站上的人一个又一个上车离去，菲菲顿时很懊恼自己今天竟是如此粗心。

于枫开着自己的车在雨中行驶，他开得不是很快，他喜欢下雨，喜欢看雨中的一切，忽然一个靓丽的身影映入眼帘。在公交车站站着一个女孩，个子虽不高但长得很有气质，雨水淋湿了她额前的秀发，于枫看着看着竟不由自主地放慢了车速，最后停在车站的路边。

一辆又一辆公交车来了又走，女孩依然在车站等待，也许是她的车还没来吧。于枫这样想。其实眼前的菲菲让于枫动心，雨中的她显得很纯净自然，就像一朵刚刚盛开的白玉兰，纯净的让人忍不住多看几眼。

于枫就这么看着，他不知道自己能不能邀她上车，然后送她回家，因为他们素不相识，即使他邀请了她，她也未必会答应。于枫在心里猜测着。

雨就这么下着，于枫就这么看着，菲菲就这么等着。

终于，菲菲的车来了，她上车走了。于枫看着她上了公交车，看着她在公交车里行走，他忽然觉得自己很失落。是因为她吗？他们并不相识，可是为什么自己不开车呢？难道自己真的喜欢上了一个素昧平生的女孩？于枫摇了摇头，发动了车子。

就这样，于枫和菲菲仍旧继续着自己的生活，菲菲并不知道那天有一个人在注视着他，并不知道当时的她在别人的心海中激起了层层涟漪。

于枫曾后悔自己没有走出车子，假如当初他下了车，也许他现在就知道她是谁了。可这都是假如。于枫独自笑了笑，其实错过了也好，虽然错过了，但在心里留下了美好的回忆，这也是一件美事，何况自己真的邀请她上车，她也未必会同意。与其遭到拒绝，不如就这样错过，错过并不代表失去，更何况自己并没有得到她，哪来的失去呢？

人的一生总要错过很多，错过之后总会有人在遗憾、后悔，但是，错过也有错过的美丽。也许正是你的错过，才成就了如今的完美。

所以，生活中，我们无须为错过的深感遗憾和痛惜，也许正是那些错过和不可逆转的遗憾，才使我们的生命变得异常美丽。如果我们仅仅停留在遗憾的伤感中，那么，我们也许会错过更多。

生活中，人们总喜欢将错过与失去当成是人世间最遗憾的事情，为什么不把错过看作人生最美的邂逅呢？凭着自己对未来的憧憬，告诫自己努力前行，在每一个相思的日子里，在每一个翘首以待的时刻，幸福地过着今生的分分秒秒，这样的错过也是人生一道美丽的风景。也许，这一次的错过是下次邂逅的开始，错过并不意味着失去，而是意味着更完美的开始。

10. "淡"是生活最真的滋味

平淡不但是一种文字的境界，更是一种胸怀，一种人生境界。

——周国平

苏东坡说："大凡为文，当使气象峥嵘，五色绚烂，渐老渐熟，乃造平淡。"关于这句话，周国平解释说，这里所谓的"老熟"，想来不光是指文字，也包括年龄阅历。人在年轻的时候很难做到平淡，譬如正在山上，多的是野心和幻想。直到攀上绝顶，领略了天地的苍茫，才会生出一种散淡的心境，不想再匆匆赶往某个目标，也不必担心错过什么，下山就从容多了。

其实，不管做文章，还是人生也好，平淡始终是生活的真滋味。无论你是怎样的一个人物，无论你再有翻云覆雨的本事，有多大的名气，最终还是要归附于平淡。平淡的生活看似无奇，但它却是最为真切和最深的滋味！那些从容淡定的人，懂得生活的真正意义所在，会用一颗平常心去对待生活。

一位年轻人希望享受生活。于是，他总是苛求自己努力工作，但是，时间一久，他又觉得自己的生活充满了枯燥、烦闷和痛苦，每天为了完成一个项目会寝食不安。但是，他仍旧觉得等自己以后有钱了，一切都会好了。

有一天，这位年轻人到乡下去散心，他看到一家卖早餐的夫妇，他们穷得很，每天也只能够挣到够维持他们基本生活的钱，但是他们的脸上却挂着不逝的微笑，孩子们也玩得很是高兴，他们的幸福和快乐并没有因为贫穷而减少。

这位年轻人觉得很是奇怪，便不解地问这位妻子："你们这么穷，为何还这么快乐呢？"

这个女人放下手中的活，用极度轻松的语气回答道："我们是没钱，但为什么不快乐呢。想着我们一家人可以整天在一起劳动，父老乡亲可以享受我们的美味食品，我们又可以交到很多的朋友，我为什么要觉得不快乐呢？"

这位年轻人顿时怔住了，惊诧不已，原来，平淡才是生活的常态，快乐和幸福并不会因为你贫穷而远离你……

在漫漫人生道路上，当你经历了酸、甜、苦、辣、咸以后，才知道"淡"的可贵。年轻人与卖早餐的夫妇在物质上是不成正比的，但是在精神方面，前者并不比后者开心。卖早餐的夫妇过的是极为平淡的生活，但是他们却能够真切地体味到其中的快乐和享受到其中的幸福，就是因为他们拥有一颗平常心。

所以，我们一定要认清楚生活的真相：平淡是生活最真切的滋味，我们要甘于平淡，并且要能够从平淡的生活中体味出生命的美丽色彩来，如此才能让自己获得恒久的快乐和幸福。

11. 别被"面子"所拖累

面具戴太久，就会长到脸上，再想揭下来，除非伤筋动骨扒皮。

——鲁迅

生活中，多数人都爱讲面子，正所谓"人要脸，树要皮"，好面子本身不算是什么坏事情，它能够激发出人的潜力，推动社会的发展。但是，如果你为了所谓的面子，不顾实际情况，相互攀比，只会让自己的日子为面子所累。

在一些社交场合，我们经常会看到一些人为了"装面子"而大肆吹牛：明明日子过得很辛苦，手头很紧，但为了显阔气，有能耐，逢人就装富，今天请吃请喝，明天请大家玩，面子倒是要尽了，但自己却欠下一屁股债，暗地里只吃咸萝卜；明明能力不足，但就因为撕不破朋友这一张面皮，强装君子风度，握手言欢，答应帮朋友做一些力所不及的事情，最终让自己跳进痛苦的深渊；夫妻间明明已经是同床异梦，毫无感情，家庭已成为一种摆设，但一想起面子，社会议论，就装出一副男欢女爱的面孔来支撑婚姻大厦，直到心力交瘁……可以说，面子是我们身心疲惫的源泉。

其实，人要面子并没有错，但是不要让面子成为自己的一种负累。认真做自己应该做的事情，过好自己的日子。不要轻易去勉强自己装面子，其实，最有面子的人生就是真实状态下的人生。

古代大哲人的生活就值得我们每个人仿效。

在邻居眼中，他过的是一种"没有面子"的生活。每天早晨，都会见他赤着脚走出家门，踩着晶莹的露水，跳到一块等待雕刻的大石头上，仰起头向远道而来的太阳热情地问候，向正在隐去的星星和月亮挥手告别。

他从来无视众人怪异的眼光，披上他那破旧不堪的袍子，准备到集市上和民众们辩论，行使他"思想助产士"的义务劳动。

有一次，正为早餐而发愁的妻子冲出来，在众人面前厉声地责备他，高声向他叫嚷，抱怨家里的米缸已经底朝天了，骂他天天无所事事，游手好闲，不求上进。

他却不顾众人的窃笑，亲昵地拥抱一下老婆，向外边走边说："亲爱的，我去工作了，我要帮我的思想顺利生产下来。"

愤怒的妻子把一盆水泼向他，他顿时被浇成了落汤鸡。像骑士一样抖抖湿透的袍子，对哈哈大笑的邻居说："看来我猜对了，电闪雷鸣过后，必有大雨倾盆。"

多数人都嘲笑他是个不要"脸"的人，在众人面前也不讲面子，经常做出丢面子的事。而这正是他的高明之处，因为他自己明白人不能只为了一张"脸"而拖累了自己的思想。对于他来说，面子是不重要的，思想是最为重要的，为了面子而扰乱自己的思想、自己的生活，是得不偿失的。

所以，我们不要为了维护自己的面子而再去花费两三个月的薪水换一身新行头；不要再违心地在众人聚会时充大方地争着付账单，却见荷包瘪下去而暗暗心疼；更不要再不懂装懂了，承认自己也有无知的时候，这没什么丢脸的。

人在任何时候，都不要为面子而活着。想过洒脱的生活，就要学会放下面子。当然，放下面子，并非意味着让你放下尊严，而是让你放下那些所谓的华而不实的虚荣心，过真切实在的生活，如此才能让自己体味到幸福和快乐。

12. 不是井里没有水，而是你挖得不够深

旅行不在乎远近和终点，而在于历程；探索不在乎长度和宽度，而在于深度。

——北大课程引用名言

修炼心的深度，就是让人祛除浮躁的心态，塑造一股"钻"的精神，一种不达目的誓不罢休的坚持的品质。西方有一句格言："与其花许多时间和精力去凿许多浅井，不如花同样多的时间和精力去凿一口深井。"古今中外，那些凡是成就大事业者，无不是一生都专心致志地做一件事，或治水，或造桥，或做学问，或写史书，数十年如一日，终成大器。如果你内心的欲望太多，什么都想得，什么都不肯放弃，学历、文凭、职称、名望、财富等，十个指头按二十个跳蚤，一双眼睛盯着满河滩的卵石，乱花迷眼，急火攻心，终究是一无所成。那些失败者，往往会怪井里没有水，其实，并非井里没有水，而是因为井挖得不够深。一生只钻研一件事情，才能登上人生的顶峰。

世界零售业大王沃尔玛，自始至终只做零售，钱再多，都不去买地，不去涉足房地产，最终成为世界第一；麦当劳只做快餐，实力再强，也不涉足其他餐类，最终成为世界快餐界的龙头；美国通用汽车公司，一百多年来，也只是做汽车与配件，不去做航空和轮船，最终成为世界前三强；世界首富比尔·盖茨，钱再多，都只做软件，其他行业再赚钱都不去做……只要心无旁骛地做一件事情，

就更容易成为强者，成为同行业的佼佼者。为此，生活中，只要选择了一条道路，就要专注地坚持走到底，这是万千成功者的经验之谈。

有一个三口之家，男的是教师，女的下岗后在家附近的街面上开一家小店，主要经营纽扣，同时还卖些头饰、胸花之类的小玩意儿。女儿在一所普通中学读书，成绩一般。一家人都是普通人，过的日子也是普通的日子，平平淡淡，紧紧巴巴。

有一天，男的下班回到家中告诉妻子，他有一个新的发现。妻子问，有什么新发现。男的说，昨天，我在图书馆看一份杂志，介绍的是全世界的大公司，称为"五百强"，我研究了他们的成功之路，发现一个普遍的规律，那就是他们的经营者都是一根筋，一辈子只做一件事，企业只走一条路。

妻子很是好奇，就问："什么意思?"男的说，比如你卖纽扣，就只卖纽扣，卖所有品种的纽扣，店面再大，都不卖别的。也就是开专营店，五百强走的大多都是这条道路。

有了这样的一大"发现"之后，夫妻俩就有些心动了。一天晚上，他就对妻子说道，以后再进货，头饰、胸花之类的东西就不要再进了。全进纽扣，有多少品种就进多少品种，看看结果会怎么样。

按照这样的路子发展下去，不久，妻子经营的店面生意逐渐地开始红火起来。几年之后，就在全国开起了连锁店，夫妻俩也被当地人誉为"纽扣大王"！

几年之后，他们的女儿要到英国去了，并不是因为他们有钱，自费送女儿英国留学。女儿因为成绩差，没有考上大学，但是女儿喜欢英语，于是就聘请了老师，专门教女儿英语。在一次外企招聘中，女儿因为英语良好，被聘为翻译。这次去英国，完全是因为女儿在那儿找到了工作。

坚持登一座山峰的人，一定会达到顶峰；一辈子只做一件事情的人，一定会取得成功，并且还会成为一个强者，一个佼佼者。

这给处于奋斗阶段的人以很深的启示：在奋斗的过程中，一定要专注于一个目标，这样才不会瞎忙。在前进的过程中，也要时刻清楚你要的是什么，想在哪一个领域之中发展，并搞清楚你要如何去做才能实现你的想法，接下来，再一步一个脚印地去做，用你的一生坚持做这一件事情，相信一定会成功！

13. 积极走过人生的"冰封期"

人生的深度决定了人生的高度。一个不能在点上创造卓越的人，更不可能在面上去创造辉煌。

——北大课程理念

在南极大陆的水陆交界处，全部都是滑溜的冰层和尖锐的冰棱，那里生活着有大量的企鹅。身体笨重的企鹅既没有可以用来攀爬的前臂，也没有可以飞翔的翅膀，如何从水中上岸？原来，在将要上岸时，企鹅会猛地低头，从海面扎入海中，拼力沉潜。潜得越深，海水所产生的浮力就会越大，企鹅一直潜到适当的深度，再摆动双足，迅猛向上，犹如离弦之箭般蹿出水面，腾空而起，落于陆地之上，划出一道完美的弧线。这种深潜是为了蓄势，看似十分笨拙，却极有成效。

其实，我们每个人的人生又何尝不是如此！企鹅腾空的力量来自于沉潜的深度，它们甘于沉下去，才可以浮上来。而我们人生的力量也同样是源于我们人生沉潜的深度啊！这种沉潜并非是消极等待，而是蓄积力量；不是贪图安逸，而是默默地磨砺自强；不是忍气吞声，而是像企鹅一样奋力地下潜做腾飞前的蓄势。它虽然充满寂寞与苦痛，却能让自己的力量变得更为强大，人生变得更为精彩！反之，如果没有深潜的功夫，一个人就只能永远漂浮在人生的长河中随波逐流，或者怨天尤人，永远无法登上属于自己的陆地，直至精疲力竭。

其实，古往今来，那些成就大事者，谁没有经历过人生的"冰封期"呢？那是一段异常苦闷的日子，他们会借酒浇愁，也会为了维持基本的生存而不断地挣扎。当初的他们也曾经热切地渴望成功，但却始终两手空空，亦如现在的你。当时的他们也没有想到自己有一天会光辉灿烂，但他们选择了积极面对，最终积蓄了力量，取得了辉煌的未来。

著名作家刘墉曾经说：年轻人在实现自己的梦想之前，都要经过一段"潜水艇"式的生活，短暂隐形，找寻目标，耐得住寂寞，积蓄能量，日后方能毫无所惧，成功地"浮出水面"。一个胸无大志的人，是不能够耐得住寂寞的，他们经常会被外界的花花绿绿的世界所干扰，最终在朝三暮四的动摇与徘徊之中浪费自己的大好时光。如果你有开创事业的远大志向，能够在浮躁的环境之中静下心来，踏实地走好每一步，坚守住寂寞，耐得住寂寞，坚守自己的梦想，那么，一定能获得辉煌的业绩与成就。

14. 在诱惑面前，执着于自己的信念

"定"是在一个点上扎根深入，是坚守和坚持，是咬定青山不放松。

——北大课程引用名言

在奋进的道路上，我们不可避免地会面对重重的诱惑：金钱、

名望、地位等等，在这样的情况下，我们唯有守住自己的信念，保持内心的执着，才能够跨越重重阻碍，攀上人生的顶峰。执着是内心的一种坚守，在纷至沓来的诱惑面前，如锚碇般坚强稳定，稳住左顾右盼、游离不定的心思；执着也是一种专注，是一心一意、全神贯注的追寻与探索，更是锲而不舍、孜孜不倦的探求。有时候，很多人之所以不断地失败，就是因为耐不住寂寞，以致让自己成为诱惑的俘虏。

一位年轻人问一位智者："我如何才能够成功地攀登到梦想的山巅？"

智者听罢，微微一笑，然后他从地上捡起一张纸，叠只小船放入身边的小河，小船不喧哗，不急躁，借着水流，一声不吭地驶向前方。途中，蝴蝶、鲜花向它搔首弄姿，它不为所动，默默前行……

老者说："人生在世，金钱、美色、地位、名誉等等诱惑太多。如果我们因思谋金钱而驻足，因贪恋美色而沉沦，因渴求名誉而浮躁，因攫取地位而难眠，故难以像小船一样，向着目标默然潜行。这就是为什么有些人做事往往半途而废，不能成功的原因。"

年轻人听过之后，茅塞顿开，然后打起行囊道谢离去！

经得起诱惑，是一个人难能可贵的风范，是专注于个人追求的体现。经得起诱惑是人生中最为难能可贵的精神之一，它如同生活中的喜怒哀乐一般，时时刻刻都伴随着我们。

每个人的人生都是一段自我修炼与磨砺的过程，当你找到了自己的人生信念，有了明确的人生目标，就应该向那个方向前进，并不断坚守。要经得起各种诱惑，能够驱除各种浮躁，扛得起挫折，执着地追求，才能成就人生辉煌，抒写人生的华丽的篇章。

现代社会高速发展，越来越多的人变得浮躁难耐，无法沉下心

来，很多人都急于求成地想成功，希望自己能够一蹴而就，希望能
够快速地通向成功，希望能找到通往成功的捷径。而唯有修炼一颗
具有"定"性的心态，才能够冷静地思考人生的方向，才能够积蓄
所有的能量，获得更多的成功的机会。

15. 知"止"而后能定

企业的"企"字，就是"人止"。企业就是一群天马行空的人停
止下来了，停在某一个地方，停在某一件事上，停在某一个项目上。
人不停，就不会有企业。试想，一个人如果停不下来，何谈成功呢？

——北大课程引用名言

能否获得事业的成功有时候主要取决于开始的选择，而有时候则
取决于如何结尾。精彩的奋斗过程，也需要有完整的结局配合才行。
辛辛苦苦忙活了半天，结果做过了头，不懂得及时止步，最终只能一
无所获。

放眼看一些人，商场上欲壑难填，股市上不知见好就收，最终
落得个人仰马翻的事例比比皆是。正所谓"知止所以不殆"，知道适
可而止的人就不会遇到危险，才能将成功进行得更为久远。要知道，
没有常胜将军，没有永远的常青树，不打持久战，才是为人处事的
大智慧。

有两个人是很要好的朋友，有一次，他们看到一位老者从森林
中惊慌失措地跑出来。两人见状，就上前去询问这名老者遇到了什
么，为何如此惊恐不安。老者回答说："在那片森林之中，我看到一
个吃人的东西，太可怕了。"

"那是不是老虎呢？"两人惊恐地问道。

"不，要比老虎厉害得多呢！我在砍柴的过程中，看到草丛中有一堆金灿灿的金子！"老者答道。

"在哪儿？"两人赶忙问道。

"就在那一片丛林之中。"说完，老者就离开了。

两个人立即按照老者所指的地方到树林中去寻找，果然发现不远处的草丛中有一堆金子。二人惊狂不已，还说道："那位老者实在是太愚蠢了！"

其中一个人对另一个人说道："他竟然把这贵如生命的黄金说成是吃人的东西！"另一个人说道："让我们想想究竟该怎么办吧！在光天化日之下，现在就将它拿回村是十分不安全的，我们务必要在夜里悄悄地拿回家中才安全一些。我们需要分工合作，一个人先看着金子，另一个人去寻找食物，解决温饱问题。"

当一个人去寻找食物时，另一个人则动了心思，想道：真是太过遗憾了，今天要是我一个人来多好啊。现在我还得将这些黄金分一半给朋友，这样也分不了多少，我有一大家子人需要养活，如果能得到全部的金子该多好啊！他心中立即起了恶念：只要对方一来，我就用刀子将他捅死。同时，另一个人也在想：我干吗要把黄金分一半给他呢？我负债累累，没有一点积蓄，我不能分一半给他，我要先吃饱饭，然后就在饭里面下毒，给他带过去。做好一切准备之后，他就带着饭到了有金子的地方，他刚到那里，还没弄清楚是怎么回事，有个人就冷不防地给了他一刀，当即结束了他的性命。行凶之后，凶手对朋友的尸体说道："可怜的朋友，真是这一半的黄金让你断了命。现在，我吃饱饭，就打算回家了。"说着，就端起有毒的饭菜吃了下去。半个小时之后，他也一命呜呼了，在临死时，他自言自语道："老者的话是对的，金钱猛于虎！"

难道真的是金钱猛于虎吗？其实，在很多时候，比猛虎更为厉害的是人的贪念。贪婪使人失去理智，以至于相互残杀。在奋斗的过程中，很多人并不缺乏成功的机会，而是人的贪念让机会白白地流失了。

对于在事业奋斗期的人来说，在任何时候都要学会见好就收，不要被贪婪之心拖入失败的深渊之中。见好就收，并不是简单的退缩，而是另谋出路，是一种智慧的谋略。

当然，见好就收是需要勇气的，那种不思进取者是很难做到"见好就收"的，因为他们从来没有"好"过。在很多时候，当我们有了成就，积累了经验，这个时候就要学会退出，我们要经得起名利的诱惑，同时也需要有挑战新领域的勇气，这绝对不比乘胜追击更为容易一些，相反要困难得多。为此，珍惜当下所拥有的，见好就收，把握当下，不打持久战，才能使自己的成功持续得更为长久。

16. 隐芒避险，及时收步才能保全实力

只有知道如何停止的人才知道如何加快速度。

——俞敏洪

三十六计，走为上，是指在敌我力量极为悬殊的不利的情况下，采取有计划的主动撤退，避开强敌，之后再度去寻求战机，以图东山再起，这种隐芒避险的方法是谋略中的上策。这也告诉我们，当遇到强劲的对手的时候，一定要学会收步，隐芒避险，这才是上上策，如果以硬碰硬只会两败俱伤，落得失败的下场。其实，退让并非是怯懦的表现，不是英雄末路，而是一种躲避祸患、保全实力的大智慧，是一种极为高明的方法。

正所谓："识时务者为俊杰。"真正的俊杰并非指那些冲锋陷阵、

无坚不摧的英雄，而是指那些遇到强手能收住脚步，肯屈就自己，看准时局的处世者。

一位青年到美国一所著名大学的计算机系留学深造。博士毕业之后，他就想到美国当地找一份理想的工作。

因为他的起点高、要求高，结果连续找了好几家大公司，都没有录用他。思来想去，他决定收起所有的学位证明，以一种最低身份求职。

不久他就被一家大企业聘为程序录入员。这对他来说简直就是小菜一碟，但他仍干得一丝不苟。不久，老板发现他能看出程序中的错误，非一般的程序录入员可比。这时他才亮出学士证，于是老板给他换了个与大学毕业生对口的工作。

又过了一段时间，老板发觉在这个工作岗位上，他还是比别人做得都优秀，就约他详谈，此时他才拿出了博士证。

由于老板对他的水平已经有了全面的认识，就毫不犹豫地重用了他。

在奋斗中，如果我们碰到困难强攻不下时，就不要总是想着如何正面应对，而是应该及时收步，以迂回的思维去图发展，这样会让你避开锋芒，争取到更好的发展机会。

古今成大事者都是"善退者"。在困难或者劲敌面前，他们从来不以侥幸的心理悲观地等待"时来运转"，让失败越滚越大，甚至血本无归，而是会及时收住脚步，在失败还未来临之前就抽身而退，保全实力，以求下一次机会的到来，以开辟出另外一番新的天地。

第 11 章

心的善度提升课

1. 善是一切智慧的根本

善才是最高的智慧，善是一切智慧的根本。善能吸引善，种善果，是幸福的前提，而种恶果，则是噩梦的开始。

——北大课堂引用名言

很多人都认为有智慧的人很容易成功，但是极少有人意识到，善良的人才是真正的智者，可以说，善良是一切智慧的根本。

故事一：

在一辆公共汽车上，人很挤，一位女士不小心踩疼了一位男士的脚，便赶紧红着脸道歉："对不起，踩着您了。"

不料男士笑了一下，说道："不是，应该由我来说对不起，我的脚占的面积确实有点大。"哄的一声，车厢里立即响起了一片笑声，显然，这是对优雅风趣的男士的赞美。而且，身临其境的人们也不会怀疑，这种善良会给女士留下一个永远难忘的美好的印象。

故事二：

一位女士不小心摔倒了，在一家整洁的铺着木板的商店中，手中的奶油蛋糕弄脏了商店的地板，便歉意地向老板笑了一笑。不料，老板却说道："真是对不起，我代表我们的地板向您致歉，它太喜欢吃您手中的蛋糕了！"于是，女士笑了，笑得挺灿烂。而且，老板的善良打动了她，她也立即下定决心"投桃报李"，买了好几样东西后才离开。

故事三：

有一天，一位瘦弱的小男孩捏着一把零钱进了一家商店，因为他跑得太快，所以根本顾不上擦汗。于是，他就将他手中的零钱摊在高高的柜台上面，怯生生地问老板说："这些钱不够买一盒鱼罐头吧？"

老板便下意识地看了一眼这个小男孩的打扮，看他穿着很不整洁，而且衣服上有很多污渍，看来是很久都没人悉心照顾他的生活了。老板便问道："你为什么要购买鱼罐头呢？"小男孩说道："我妈妈生病了，在医院里，大夫说她需要营养，我听说鱼能营养身体，这是我所有的零用钱，不知道够不够买一盒鱼罐头。"

老板听后，便对小男孩说道，"好，让我数数你一共有多少钱吧！"老板就把小男孩放在柜台上的一小把硬币给整理了一下，开始一枚一枚地认真数起来，一共6角8分钱。

"好小子，你真行啊，这些钱正好够买一盒鱼罐头，一分不多，一分不少。"说着，老板便从货架的最高一格处取下一盒五香带鱼罐头递给小男孩，小男孩便如释重负，高兴地接过鱼罐头，飞也似的跑开了。在那个因为少了一盒鱼罐头而出现了空当的货架旁，标着五香带鱼罐头的价码：7元6角。

不久后，小男孩知道了事情的真相，为老板的善举所打动，下定决心好好学习，长大后要用自己的能力报答老板。

天地有大道，大道便是善，这是老子的话。儒家说得更为确切，大学之道，在亲民，在于至善。由此可见，善才是最高的智慧，是一切智慧的根本，自然也是人生的思想和行为准则。善能吸引善，种善因，是幸福的前提，而种恶因则是噩梦的开始。

其实，真正的善良，不是像慈善家一样施舍给穷人财物——慈善家可以不求回报地为需要帮助的人做任何事情。一个人，其品格的真正标志是如何对待一个不能为你提供任何帮助的人。善良的极致是智慧，一个无意的善举，可能成为今生能得到最大回报的"投资"，会让你在无意间收益无穷。

2. 上善若水，可以化却一切冰冷

自己生存，也让别的动物生存，这就是善。只考虑自己生存不考虑别人生存，这就是恶。

——季羡林

高尔基说："善良——人所固有的善良，这些东西唤起我们一种难以摧毁的希望，希望光明的、人道的生活终将苏生。"由此可见，善良是焕发人新生、催生人希望的巨大力量。老子在《道德经》中说："上善若水"，即是指，最高境界的善行就像水的品性一样，润泽万物而不争名利。"上善"即如水一般，它可滋润天下万物，包括人内心的冰冷和冷漠。

在一座破旧的寺院中，里面住着一位老和尚和一位小和尚。有一次，小和尚对老和尚说："这一座寺院中，就我们两个和尚，我每次到山下去化缘的时候，很多人都会冷言冷语笑话我，说我是野和尚，所有来参拜的人，给的香火钱也很少。今天到山下去化缘，这么冷的天，竟然没有一个人给我开门，我化到的斋饭也是少得可怜。

师父，我们菩提寺要想成为你所说的庙宇千间、钟声不断的大寺的梦想可见是实现不了了。"

老和尚披着袈裟也没说什么话，只是紧闭着眼睛静静地听着。

小和尚不停地絮絮叨叨地说着，最终，老和尚就睁开眼睛问道："这北风吹得太紧了，外边又冰天雪地的，你不冷吗？"

小和尚冻得浑身哆嗦，然后就说道："我冷得很啊，双脚都冻麻木了。"老和尚说道："那不如我们早一些睡觉吧！"

于是，老和尚和小和尚就熄了灯，一同钻进了被窝中。又过了一个小时，老和尚说道："现在你暖和了么？"

小和尚答道："当然暖和了，就像在太阳下一样的暖和。"

老和尚说道："棉被放在床上面一直是冰冷的，但是人一旦躺进去就变得暖和多了，你说是棉被把人暖热了，还是人把棉被暖热了呢？"小和尚一听，马上就笑了说道："师父您真是糊涂啊，棉被怎么可能把人给暖热了呢，是人把棉被暖热了。"

老和尚就问道："棉被既然无法给我们任何温暖，我们反而要给它们温暖，那么，我们还盖着棉被干什么呢？"

小和尚想了想说道："虽然棉被给不了我们温暖，但是厚厚的棉被却可以保存我们的温暖，让我们在被窝中睡得很是舒服啊！"

在黑暗之中，老和尚会心一笑，说道："我们撞钟诵经的僧人何尝不是躺在厚厚的棉被下面的人，而那些芸芸众生就是厚厚的棉被啊。只要我们一心向善，冰冷的棉被终究是会被我们暖热的，而芸芸众生这床棉被也会把我们的温暖保存下来的，我们睡在这样的被窝里不是温暖得很啊？"

小和尚听到了，恍然大悟。从第二天开始，小和尚很早就下山去化缘了，依然碰到了很多人的恶语，但是小和尚却始终彬彬有礼地对待每一个人。

十年以后，菩提寺就成了一座大寺院，不仅有很多的僧人，而且烧香参拜的人也络绎不绝，再也没出现过化不到斋饭的情况了。

生活中，如果每个人的内心都能像故事中的老和尚一样，一心向善、行善，最大限度去容忍别人，与人为善，那么，再过冰冷的棉被终会被我们所暖热的。

3. 爱出者爱返，福往者福来

生活的施善和施恶是由点点滴滴构成的。有的人之所以善不了，是因为太过贪婪，总想得到更多。而如果你的内心是善的，你就像磁铁一样慢慢地将周围的点点滴滴的善吸引过来。

——北大课程理念

在美国加州的一个风雪交加的夜晚，一位名叫约翰逊的年轻人因为汽车"抛锚"被困在郊外。

就在他万分焦急，需要人帮助的时候，一位骑马的男子正巧经过这里。见此情景，这位男子二话没说，便用马帮助约翰逊将汽车拉到了小镇上面。事后，当他激动地拿出一沓厚厚的钞票给对方酬谢的时候，这位男子却说："我不需要回报，但我要你给我一个承诺，当别人有困难的时候，你也要尽力去帮助他人。"于是，在后来的日子中，约翰逊便不计回报地主动帮助了很多人，并且每次都没有忘记转述那句同样的话给所有被他帮助过的人。

在许多年之后的一天，约翰逊被突然暴发的洪水困在了一个孤岛上，一位勇敢的少年冒着被洪水吞噬的危险救了他。当他感谢少年的时候，少年竟然说出了那句约翰逊曾经说过无数次的话："我不需要回报，但我要你给我一个承诺……"

　　顿时，约翰逊的胸中涌起了一股暖暖的激流："原来，我串起的这根关于爱的链条，被周转了无数的人，最终经过这位少年还给了我，所以，我一生做的所有好事，全部都是为自己做的！"

　　爱出者爱返，福往者福来。爱是一盏灯，照亮别人，也在温暖自己。所以，生活中，要尽可能地向他人伸出援助之手，最终你将会与约翰逊一样感受到：一生做的所有好事，全部都是为自己做的。

　　这是一个合作型的社会，人与人之间更是一种互助的关系。唯有我们先去善待别人，善意地帮助别人，才能处理好人与人之间的关系，获得良好的人缘，才能使自己的道路更为顺畅。

　　同时，帮助别人也是在强大自己。你所施予别人的帮助，并非是你自己失去的。当你满怀热忱地去帮别人解决某一问题的时候，便会产生一种在自我状态下难以萌生的"智能受激状态"，一个具有积极心态的人，在这种情况下就会促使自己的身体与精神处于一种"总动员"的状态，使自己的能力有更为出色的表现。也许，别人求助的问题，有可能是你未遇到过的。所以，你如果为别人解决了难题，也增长了自身的才智，使自己更为出色。

　　佛家有语，"施比受有福"。因为施，是给予，是帮助他人，是自己有价值、有能力的具体表现。而受，是接受别人的恩惠，是让别人来拯救自己，是弱者的行为。所以，在生活中，我们要常怀助人之心，多去帮助别人，那么，你获得的不仅仅是快乐，可能还会是更大的惊喜。

4. 日行一善，每天修缮灵魂一点点

就像使沙漠显得美丽的，是它在什么地方藏着的一口水井，由于心中藏着永不枯竭的爱的源泉，最荒凉的沙漠也化作了美丽的风景。

——北大课堂引用名言

我们要在生活中不断地修炼出一双善良的眼睛。生活并非是由伟大的牺牲构成的，而是由一些小事情，比如微笑、善意和小小的职责所构成的。生活中最美好的东西便是无微不至的关怀，善意的语言使人产生精神的共鸣，让人感到欣慰、安宁和舒适，并由此产生美好的想象。

其实，行善要从生活中的一点一滴开始，并不是需要你去行大善事，做大牺牲。唯有从细微处着手，行小善，才能不断地让自己的心灵不断地充满善意。为此，我们要深刻反思自己每天的行为，是否在行善。只要你每天进步一点点，积沙成塔，汇流成河，心中总怀善念，多做点善事，久而久之，你就会习以为常，我们就会成为一个处处与人为善的人，同时，你也将获得意想不到的收获。

他父亲是位大庄园主。

在 7 岁之前，他曾经过着钟鸣鼎食的生活。在 20 世纪 60 年代，他所生活的那个岛国，突然掀起了一场革命，他失去了一切。

当家人带着他在美国迈阿密登陆时，全家所有的家当，是他父亲口袋里的一沓已经被宣布停止流通的纸币。

为了能在异国他乡生存下来，从 15 岁开始，他就跟随父亲打工。每一次出门前，父亲都曾这样告诫他：只要有人答应教你英语，并

给一顿饭吃，你就留在那儿跟人家干活。

他的第一份工作是在海边的小饭馆里做服务生，因为他很勤快，而且还好学，很快便得到老板的赏识。为了能让他学好英语，老板甚至还把他带到家里，让他和他的孩子们一起玩耍。

一天，老板告诉他，给饭店供货的食品公司招收营销人员，假如乐意的话，他愿意帮助引荐。于是，他获得了第二份工作，在一家食品公司做推销员兼货车司机。

临去上班时，父亲便告诉他说："我们祖上有一条遗训，叫'日行一善'。在家乡时，父辈们之所以成就了那么大的家业，都得益于这四个字。现在你到外面去闯荡了，最好也能好好记住它，并且去践行。"

也许就是因为那四个字吧，当他开着货车把燕麦片送到大街小巷的夫妻店时，他总是做一些力所能及的善事，比如帮助店主把一封信带到另一个城市；让放学的孩子顺便搭一下他的车。就这样，他乐呵呵地干了 4 年。

在第 5 年，他接到总部的一份通知，要他去墨西哥，统管拉丁美洲的营销业务，理由据说是这样的：该职员在过去的 4 年中，个人的推销量占佛罗里达州总量的 40%，应予以重用。

后来的事，似乎便有些顺理成章了。他打开拉丁美洲的市场后，又被派到加拿大和亚太地区，在 1999 年，他被调回了美国总部，任首席执行官。就在他被美国猎头公司列入可口可乐、高露洁等世界性大公司首席执行官的候选人时，美国总统布什在竞选连任成功后宣布，提名卡洛斯·古铁雷斯出任下一届政府的商务部部长，这正是他的名字。

现在，卡洛斯·古铁雷斯这个名字已经成为"美国梦"的代名词。然而，世人很少知道，古铁雷斯成功背后的故事。前不久，《华盛顿邮报》的一位记者去采访古铁雷斯，就个人命运让他谈点看法。古铁雷斯说了这么一句话：一个人的命运，并不一定只取决于某一次大的行动。我认为，更多的时候，都取决于他在日常生活中的一些小小的善举。

后来，《华盛顿邮报》则以《凡真心助人者，最终没有不帮到自己》为题，对古铁雷斯做了一次长篇报道，在这篇报道中，记者说，古铁雷斯发现了改变自己命运的简单的武器，那就是"日行一善"。

看来，帮别人便是帮自己。用中国的一句成语说就是"善有善报"。日行一善，莫拘泥于这字眼，一定"要每天做一件好事"，只要看到别人需要帮助，就慷慨地伸出你的援助之手吧，感受帮助别人的快乐。还要记住一句话，好人一生平安。

5. 算计别人，终会将自己算计进去

一个人如果缺少善心，他是不可能被人认可的，是不可能有人支持的，是不可能被人瞧得起的，也是不可能有快乐可言的。

——北大课程引用名言

吃亏的事情经常会发生，但要坚信人生总是相对公平的。假如自己处处精明，时时准备去算计别人，总爱占别人的便宜，其实吃亏最大的还是自己。何必分秒计算盈亏，多一点给予，少一点索取。吃亏能够给自己带来美名，而爱占便宜会败坏自己的名誉。

在 1835 年 5 月 12 日，安吉鲁生于法国阿尔勒小镇的一个富裕的家庭。

1966 年 5 月 12 日，是安吉鲁 131 岁的生日。当记者问及她长寿的秘诀时，她却对记者说道："人要乐善好施，千万别琢磨人、算计

人！健康是福，是最大的财富，花几百亿也买不来一天的寿命！"

同时，安吉鲁还向他讲述了一个她亲身经历的故事：

那是在她 100 岁的时候，一位不速之客找到她，此人叫拉伯莱，是法国有名气的法律公证人。他非要每月给安吉鲁一笔 3000 法郎的养老金，让安吉鲁安享晚年。这使年迈的安吉鲁喜出望外，不过她心想：天上真的能够掉馅饼吗？世间哪有这样的好事情呢？在安吉鲁的一再追问下，拉伯莱终于说出了自己的想法：养老金不是白给的，安吉鲁去世后，她祖先留下的那幢房子要归拉伯莱所有。安吉鲁微微一笑，便答应了，并到公证处做了公正。

当年的拉伯莱年富力强，仅有 47 岁。他的如意算盘是：百岁的安吉鲁再活七八年可能也就要走人了。

贪心的拉伯莱每天都企盼着安吉鲁赶紧死去，但安吉鲁却一直健康如常，而且越活越带劲儿。但工于心计的拉伯莱却抑郁寡欢，健康每况愈下，终于在他 77 岁的时候，患心肌梗塞而一命归西。到拉伯莱死时，几十年间他先后给她的 90 万养老金，高出当时的房价 3 倍之多。

安吉鲁老人在得知拉伯莱的死讯时，伤心地流泪，十分惋惜地说道："他有很高的文化，可惜这么聪明绝顶的人怎么也会做亏本生意呢？"

人们总是太过在意人生的种种得与失，算计别人的结果却是得不偿失。

记住：算计别人，其实就是在估价自己的付出，它已经被放在秤上，已经论斤论两地被估价，算计来算计去，只会算计了自己。

6. 人际关系就是善意的关系

我在老年之所以能平和睿智地生活，是因为我能够不去计较生活中的琐事，从而就有了更多的快乐，并且也给别人带来快乐。

——季羡林

人际关系就是善意的关系。人三分理智、七分感情。士为知己者死。给予就会被给予，剥夺就会被剥夺；信任就会被信任，怀疑就会被怀疑；爱就会被爱，恨就会被恨。情感孕育行为。你对我友善，我也对你友善；你对我不友好，我也不可能友好地对待你。如果你拥有对别人有用的信息而不与别人交流，那么，你就会发现别人拥有对你有用的信息也不会告诉你。

帮助别人就是帮助自己。爱默生说："人生最美丽的补偿之一，就是人们真诚地帮助别人之后，同时也帮助了自己。伸出你的手去援助别人，而不是伸出你的脚去绊倒他们。一个与人为善、一心做事的人，也许会流一些血，但胜利最终会属于他的。"而相反，如果你过于斤斤计较，便很难获得与他人的友好关系，最终获得的也仅是烦恼与痛苦。

晓蕾大学毕业后，就进入一家外企工作。她工作能力强，人也漂亮，因此很受大家喜欢。但她却是一个精明的人，十分爱计算得失。特别是在与别人的交往过程中，她认为对自己没用的人就是废物，不值得自己去浪费时间与精力。

对公司内部的保洁人员，她连正眼都不看对方一眼，更别说平时给予什么帮助了。而对自己的顶头上司，却总是眉开眼笑、极力讨好。她认为，自己要想拿到更多的薪水，升到更高的职位，必须要借助比自己高的人的力量向上爬。因此只要一有机会她就会向她的上司表示出好感。对于有利用价值的同事她也会找机会接近，而对那些没利用价值的人却总是不冷不热的，日子一久，大家都看出了她的交往目的，便逐渐地疏远了她。

她本是个有能力的人，但总是无法得到晋升，她不明白，自己付出了那么多，为什么不能从上司那里得到晋升的机会。

在人际交往中，只有无私的付出才能换来真正的收获。如果像晓蕾那样，过于算计自己的付出，只会使对方认为你功利心太强，对你敬而远之。

所以，生活中，在与他人交往的时候，要以真诚的态度去帮助朋友，不要使对方觉得接受你的帮助是一种负担，这样当你有求于对方的时候，对方才更乐于为你效劳。

如果你是一个能处处为别人考虑的人，你为他帮忙的种种好处，他绝不会忘记，会用各种各样的方式来回报你，你将会收获更多。在帮助别人的时候，时刻要记住：你现在的付出是在为你的以后积累人情，积累人气，切不可让你的一些不适当的举措，将你付出的一切磨灭掉，这是维持善意的人际关系的基础。

7. 建立心灵的"良知簿"

好运和歹运都是积累而成的。世上从来没有无缘无故的好运和歹运。

——北大课程引用名言

每个人的心中都有一张"心灵的记录单"，每个人的所言所行，无论是否愿意，都要一次不少地真实地记录在案。面对世人，敢敞开自己"心灵的记录单",经得起他人的查看,就能高挺着自己的脊梁,走属于自己的阳光大道。

一位得道高僧,传说有一盏宝灯,灯芯镶着历时五百年在海下孕育出来的硕大的明珠。如果哪个人有幸摘到这颗珍珠,那他便会品性高洁,备受世人所敬重。

同时,也有人传言,说这位大师门下有3个弟子。他的3个弟子曾经跪拜求教怎么样才能得此稀世珍宝。大师说道,世人可以分为三品:时常损人利己者为下品,因其心灵已落灰尘;偶尔损人利己者为中品,心儿红白相浸,如立悬崖之边;终身不损人利己者为上品,性情心洁,为世人所敬。人心本是水晶之体,容不得灰尘的缠绕。

于是,大师给3位弟子每个人发了一本"良知簿",嘱咐他们分头下山化斋。与世人交往时凡做损人利己之事都要详细地记录下来,每记录一笔便视为心灵除尘一次。十年之后再持"良知簿"回来见他,最后通过大师对他们的行为做出评价,以确认最后拥有此盏宝灯的人选。

转眼十年过去了,3个人都回来见大师,门人告知他们说大师出游需要耐心地等待,在等待大师的日子中,3人不断地看着自己的"良知簿",回味上面记下的大大小小的损人利己的行为。后又相互地评鉴,进而反思、自责。随着时光的流逝,终有一日,3人忽然醒悟,那盏"传世宝灯"本就挂在自己心里。

一个人,如果他的心灵没有灰尘,就永远华光闪烁!

每个人的心灵是一座"库房",每个人的所言所行,无论是好事还是坏事,无论你愿不愿意,都会一次不少地存放在那里。面对世人,行走于世间,我们也要建立起一座经得起他人查看的"库房",如此才能堂堂正正地行走在天地间!

8. 善念可以招致好运

无论是平民百姓，还是有权有势的人，都应该以行善积德为道德标准，这样不仅会使自己受到别人的尊重，而且也会给自己种下善根，我们何乐而不为呢？

——北大课堂引用名言

世界上最早的火车只在机车里装上一个制动器，车厢里是没有的。火车司机必须用手去扳动制动手轮，不但不方便而且效果不大。

一次，一个穷苦的年轻人目睹了一起可怕的火车事故，事故中很多人丧命。那是因为制动器力量不够，不能迅速地把火车停下的缘故。

有一天，一位年轻人闷闷不乐地在办公室里坐着。他非常需要钱，可偏偏又缺钱。门开了，一个衣衫褴褛的小女孩走了进来，请他买一份《生活世纪》报纸。他告诉她没有钱买，她就转身向门外走去。但他看到女孩子失望的面孔后，他心里一震，觉得自己这么一个大人居然会令一个小女孩失望。此念闪过，又把小女孩叫了回来，他仔细搜索自己的口袋之后，终于找到了可以购买一份报纸的硬币。

也许年轻人从来没有想到过要从那张报纸上面获得什么，也许他从来都没有指望过靠他的同情与怜悯的一枚硬币去改变自己的命运，然而这枚硬币不但改变了他的命运，也改变了全世界人的命运。

那份报纸描述了当时工程师们在蒙塞尼山下开凿一条隧道的情况。他发现工人们在开凿隧道时用的是大功率的凿岩机，而这些凿岩机是由压缩空气驱动的。职业的敏感让他怀着极大的兴趣读完了这条消息。他想知道是否可以利用压缩空气来驱动制动器。如果压缩空气的力如此之大，足以在隧道里推动凿岩机，那么，也许能使沉重的列车迅速停止而避免相撞。于是，他立即动手，经过多次的实验与尝试，一种新式的制动器终于诞生了。此后，他的发明在世界各地的铁道上挽救了千千万万人的生命。他就是压缩空气制动器的发明人威斯汀豪斯。后来，当有人问及威斯汀豪斯是怎样产生用压缩空气来驱动制动器的想法时，他只说了一句话："我的成功要归于一枚平常的硬币。"

一枚小小的硬币，却可以成就威斯汀豪斯先生的善心与伟大成就，充分诠释了"善行有善报"的俗语。

在现实生活中，人们总是处于追求之中，然而要想有得失，无论是大的目标还是小的利益，都需要你有一颗善心和完善的人格。只有这样，你才会收获一份意外的惊喜与回报。

所以，假如你心中缺乏善念，就一定要努力培养。佛家说，善与恶都是有回报的。有些是你今生造业，今生受报，或者你今生造业，下世受报；有些则是你今生造业，好几世以后才受报，但不是不报，只是时候未到。

第 12 章

心的熟度修炼课

1. 成熟是一种智慧之光

成熟的人处事沉稳而干练，成熟的人在人际交往中能做到游刃有余，潇洒大度而不乏人情味。

——北大课堂引用名言

一个人走向成熟是困难的。如泰戈尔所说，除了通过黑夜的道路，无以到达光明。很无奈的一个事实是，成熟总是与人生的挫折联系在一起，老师的传道授业解惑也并不能让你成熟，而需要时间与代价的付出。通往成熟的道路，没有终点，只有行程。成熟是相对的，而幼稚才是绝对的，成熟不是不犯错误，而是能不能真正从错误中吸取到教训。

一个严重的问题还在于，年龄的增长、阅历的增加，甚至历经沧桑都并不能确保一个人的成熟。成熟需要一个健康的自由的社会环境，需要个人独立的思考能力与常常的自我反省……真正的成熟是理性、智慧、纯真与道德的统一。

成熟是一个心灵的警觉的过程，是一个心灵的苏醒和成长的过程，这个过程是让我们变得敏感，变得活生生，变得自由自在。

一个成熟的人，总是能够清醒地知道生命是由痛苦和快乐、幸福和不幸、白天与黑夜、生与死、成功与失败等组成的，他不可能只执于一端，只欢迎那正面的、积极的，他同时也欢迎负面的、消极的，并从中体味到生命所散发出的芬芳。

一位刚刚 18 岁的年轻人走出校门后就开始创业，他从摆地摊做起，一点点地积累，一步步地拼搏，经过 10 年的摸爬滚打，吃尽了苦头，终于成为一个拥有上千万资产的老板。

但是，因为他的一次失误的决策，让公司面临倒闭的风险。最终，公司被迫破产开始还债，就将房子抵押给了别人，汽车也被人家开走了，而且还欠他人很多的债务。一夜之间，他从一个富豪变成了街头的流浪汉。

从无到有的喜悦谁都能够领受，但是，从高处跌到低处的痛苦却不是每个人都能够承受得起的。

突如其来的打击使这位年轻人痛苦不堪，他无法面对残酷的现实。他心如死灰般地对朋友说："这次彻底失败了，我只有一条路可走，那就是死亡。"

朋友说："10 年之前你有很多路可以走，现在也有很多路，没有人能够原谅你，任何人都不会同情一个懦夫！好好振作起来好吗？你应该明白的，只有奋斗过的人才会有失败，那些没有失败的人，是因为他们没有奋斗过啊！你已经拥有了别人所不曾拥有过的，你为什么要悲伤？你该欢喜才是。来，起来，我们出去看看，10 年来阳光一直照耀在你的头上，现在也依然灿烂，如果阳光没有改变，你为什么要改变。"

听了这番话，年轻人眼睛一下子亮了起来，他打开窗，阳光照在他的脸上，他突然跑进阳光里，大声地喊道："阳光没有变，阳光依然灿烂！"

从此，他就不再哀怨，不再痛苦，开始了新的人生征程。

"只有奋斗过的人才会有失败，那些没有失败的人，是因为他们没有奋斗过！"这种质朴的语言道出了生命的真谛：即在奋斗中体味人生的酸甜苦辣。年轻人最终的那份从容、淡定，顿时让生命变得优雅、平静而伟大，这便是一种心智成熟的表现。

可以说，成熟是一种状态，是一种大地的存在状态，是一种生命的自强不息和厚德载物的状态。成熟也是内在的，是心向内在行走的旅程。每个人都有自己的使命，每个人都有自己内在的旅程要走。只有行走在内在旅程的人，才会散发出迷人的芬芳，才会表现出宁静和安详来。

2. 不被诱惑，明白自己真正需要什么

一个人只要知道自己真正想要什么，找到最适合于自己的生活，一切外界的诱惑与热闹对于他就的确成了无关之物。你的身体尽可能在世界上奔波，你的心情尽可以在红尘中起伏，关键在于你的精神一定要有一个宁静的核心。有了这个核心你就能成为你奔波的身体和起伏的心情的主人。

——周国平

故事一：

有一天，一只鸡啄来啄去满地寻找食物，它要给自己和自己的孩子寻找到可以填饱肚皮的东西。突然间，它从一堆废弃的树叶中发现了一颗珍珠，它惋惜地说："如果你的主人找到了你，他会非常高兴地把你捡起来，把你当成财富，可我要寻找的是粮食，而不是

你。对于我来说，你毫无用处，一文不值啊！世界上所有的珍珠，都不如一颗米粒对我有吸引力。"

故事二：

一只精明的猎狗在森林中寻找主人打下来的猎物，在偶然间看到了一袋黄金。它跑上前去嗅一嗅，极为懊丧地说："哎，我还以为找到了主人打下来的猎物呢！不过，我相信主人肯定会非常喜欢，说不定他一高兴，每天就会赏赐我几根骨头呢！"猎狗这样想着，叼起那个口袋跑到主人身边。

"你真是太伟大了！我要用其中的一块黄金给你配一身最好的行头！"主人抚摸着猎狗说。

猎狗连忙恳求道："不，如果您不介意的话，我想每顿享用几根骨头。"

笑逐颜开的主人爽快地答应了，猎狗从此每天都可以吃到骨头。

这两个故事说明：人生充满了选择，我们在选择之前，首先要弄明白自己内心真正需要的是什么，而不是盲目地追逐奢华。这样，我们才能很好地把握自己的人生，才能让自己的人生更为精彩。能否明白自己真正需要什么，是否明白自己所追求的人生目标，知道自己内心所渴望的生活是什么样子的，而不是被外界的物欲所诱惑和干扰，这是判断一个人是否成熟的重要标志之一。

成熟，是知道自己想要的是什么；成熟，是知道自己不想要的是什么；成熟，是知道自己能要的是什么；成熟，是知道自己不能要的是什么；成熟，是知道自己敢于去追求去实践。

一个人若真成熟了，他并不是不食人间烟火，他也要消耗物质，但他不是为了感官刺激，不是为了追求山珍海味，不是为了请客而炫耀自己的财富，不会为了几块钱而与他人斤斤计较。他会坦然面对身外之物，多之不喜，少之不忧，因为他的心思、他的目的并不在此地，并不在低层次的物质上做过多的停留，他有更高的追求，有更重要的事要去做。

这样的人，有明确的生活目标，他们在人生的道路上，做任何选择时，都能听从内心的声音，不盲目、不冲动，能把握好自己的人生，最终，达成自己的目标，过上自己想过的生活，获得自己所追求的。这样的人，其人生是有意义的，能体现出生命的真色彩的。

3. 从情绪中抽离出来

一个成熟的人是一个从情绪中抽离出来的人。

——北大课堂引用名言

一位北大教授说，每个处在情绪之中的人，尤其是在负面情绪之中的人，他是活在地狱之中的，那是一个悲剧。成熟的人，他每天不可能都在庸人的喜怒哀乐之中，他不会为别人一句难听的话而生气，也不会为别人贪点小便宜而闷闷不乐，他会觉得这很正常，没有开悟的人，当然都是俗人了，当然都是以自我为中心，当然都会为外物干扰。

一个成熟的人，是能允许别人对自己发火的，允许别人说自己的不是的，允许别人对自己来点小动作的。一个成熟的人必定是能宽容他人的人。他不会跟他们一般见识，不会跟他们去较劲的。别人的怒火如果还能成为你的情绪导火索，就证明你还不成熟，还要继续修炼，一直修到不温不火、心如止水的程度才成。

多年前，美国一家石油公司的一名高级高管做了一个极为错误的决策，使该公司一下子损失了 200 多万美元。当时掌管这家公司的正是大名鼎鼎的洛克菲勒。坏消息传出之后，公司主管人员都设法避开洛克菲勒先生，唯恐他将满腹的怒气撒到自己的头上。

有一天，这家石油公司的合伙人爱德华·贝德福德走进洛克菲勒办公室时，发现这位石油帝国老板正伏在桌子上，手里拿着一支铅笔正在写着什么。

"哦，是你？贝德福德先生。"洛克菲勒说，"我想你已经知道我们的损失了。我考虑了很多，我准备请那位高管来谈谈，但在叫那个人来讨论这件事之前，我做了一些笔记。"

原来，在那张纸的最上面写着："对某先生有利的因素"。下面列了一长串这个人的优点，其中提到他曾经三次帮助公司做出正确的决定，为公司赢得的利润要比这次的损失要多得多。

贝德福德很惊奇地问洛克菲勒："你难道不为此事感到生气吗？"

洛克菲勒则十分平静地回答："我现在生气能够挽回损失吗？那样只会将事情推向更为糟糕的境地！"

一个内心成熟的人，是不容易被情绪所困的。他们有泰山崩于前而面不改色的镇定程度，遇事沉稳又积极果断，老练里却又重视有佳，胜不骄、败不馁，在生活中时时能泰然处之，宠辱不惊，不会因为太过兴奋而忘乎所有，也不会因为悲伤而痛不欲生，整个人完全抽离于情绪之外。

4. 没"给"之前，不要总想着"得"

先会考虑"给"，而再想到"得"的人，是一个成熟的人。

——北大课堂引用名言

急功近利，在没学会"给"之前，总想着"得"，是不成熟的一个重要标志。在现实生活中，很多年轻人便不懂得"春天播种，秋天才会收获"的道理，这是明显的不成熟的心智。初入社会，刚刚付出一点，马上就想得到回报。到一个单位，刚刚做出一点成绩，就觉得自己是天才，便想着升职、加薪的事，领导不给升职，加薪，就选择放弃，辞职走人。

要知道，放弃是一种习惯，一种典型失败者的习惯。美国著名成功学大师拿破仑·希尔说过，失败的人有两种非常典型的心态：(1) 永远对机会说"不"；(2) 急功近利，总想"一夜暴富"。急功近利的心态表现在，你给他介绍一个工作，他的第一个问题就是"薪水高吗？"你说"高"，他马上就问第二个问题"工作轻松吗？"你说"轻松"，这时，他便跟着就问第三个问题"薪水能按时发吗？"你说"能"，这时他就说"好，我做！"就是这么的幼稚。

在这个世界上有没有一种高薪水、工作轻松的工作呢？很少，即使有也不会轻易让你做。所以生活中，我们一定要懂得付出。为何要付出？因为你是为了追求你的梦想而付出的，人就是为了希望和梦想而活着的，如果一个人没有梦想，没有追求，那么，他的一辈子便也没有意义了。

所以，在生活中你想获得什么，你就得先付出什么。你想获得时间，你就得先付出时间，你想获得金钱，你得先付出金钱。你想得到爱好，你得先牺牲爱好。你想和家人有更多的时间在一起，你先得和家人少在一起。

但是，有一点是明确的，你现在的付出，将会得到加倍的回报。就像一粒种子，你把它种下去以后，然后浇水，施肥，锄草，杀虫。最后你收获的是不是几十倍、上百倍的回报？所以，无论在什么时候，都要懂得付出，不能急功近利，马上想得到回报。天下没有白吃的午餐，你轻轻松松是不可能成功的。

5. 从"自我"中抽离出来

一个成熟的人，是一个从自我中抽离出来的人。

——北大课堂引用名言

一位北大教授认为，人生最大的悲剧都是因"我"而造成的。所有的竞争、战争、杀戮、暴力等都是由"自我"这个根引起的。人没有更大的成就也是因为自我束缚造成的。自我是囚房，自我是手铐，自我是悲剧的土壤。

一个人若是没有自我，就不可能与人争斗，就不可能整天耗在那些小得小失上而碌碌无为。一个没有自我的人，绝对是一个公平的人。因为他会站在对方的角度去考虑问题，会动态地发展地多角度地考虑问题，因为无我，所以无私。一个成熟的人，当然也是无畏的人。我们的一切畏惧担忧，都是因为有自我，而一旦无我，那还有什么可值得恐惧的呢？

曾经有一位叫慧能的智者，有极高的觉悟和休养。

有一次，他所在的镇上有一位少妇未婚先孕，在家人的逼迫之下，少女便一口咬定这个孩子是慧能的。愤怒的家人就把孩子扔给了慧能。慧能接到孩子后，只是隐隐地说了一句："是这样子啊！"于是，平静如止水地留下了孩子。从此之后，小镇上的居民便开始议论纷纷，流言蜚语传得满天飞，很是污秽难听。

慧能的朋友都说他太过糊涂，即便是自己犯错，也要紧闭金口，怎么能随意就承认了呢？令人无法想象的是，慧能并没有将孩子送人或者遗弃，而是每天抱着孩子，挨家挨户地给孩子讨奶喝。镇上的很多人都对他嗤之以鼻，说什么的都有，但慧能却依然平静如水，悉心地照料孩子。

这样的举动，让所有的人都认为孩子是他的。毕竟是亲骨肉，否则哪里会如此细心，忍辱负重呢！可事实并非如此。

一年之后，那少女终于无法忍受良心的煎熬，承认那孩子是她与一位在海边打鱼的渔夫所生。小镇上的流言蜚语又一次炸开了锅。少女以及家人万分惭愧地去寻找慧能，少女抱回被养得白白胖胖的孩子，满心愧疚地哭着向慧能道歉。而慧能只是平静地将孩子交给少女，没有怨言，没有追究什么责任。

慧能大师之所以能宽仁大度，能化解一切恩怨，就在于其人生达到了"忘我"的境界。他不计个人得失，受辱也不辩解，只是默默地忍受，无忧无惧，这样的人生是喜剧的，是快乐的，无忧无愁的。

生活中的事情不是样样都能尽如人意的，我们就应该像慧能大师那样，心平气和、宠辱不惊，既要看得破，又要忍得过。与其在追求是否公平上耗费大量的精力，不如踏踏实实地把自己的事情做好。这不是任人摆布，更不是逆来顺受，而是一种"忘我"的理智的生活方式。

6. 从狭窄的观念思维中抽离出来

一个成熟的人，他会从狭窄的观念思维里抽离出来。

——北大课程理念

佛家说，人的悲剧来源于无明。所谓的无明就是无知、无智、无识，不能够看清楚问题的本质，不能解决当下遇到的任何问题。

一个成熟的人，他不会死守大脑中的那几个陈旧的观念，他不会处于封闭的状态，他必定是一个开放的系统，随时与外界保持能量流动和信息流动。

有一则脑筋急转弯这么说："一个人要进屋子，但那扇门怎么也打不开，为什么？"回答是，因为那扇门是要推开的！其实，生活中，很多人都爱犯类似的错误。其中的原因很简单，就是我们有时遇事爱钻牛角尖，不懂得变通。有时候，周围的环境变了，我们却不知道变通，还在固执一端，结果不仅无法成功，还会闹出诸多的笑话来。

楚国有一人搭船过江，一不小心身上的宝剑掉进了水里。同船的人都劝他下水去捞，但他却不慌不忙，从身上拿出一把小刀，在剑落的地方放心地刻下了一个记号。

有人问："这是做什么用啊？"他回答说："我的剑是从这个地方掉下去的。我在这个地方做个记号，等船靠岸时，我就从有记号的地方跳进河里，把剑捞上来！"船靠岸了，他就这样下去找剑了，结果自然没有找到。

这就是我们人所共知的"刻舟求剑"的故事。刻舟求剑，是一种刻板的、不知变通的思维方式。有的时候我们的思维就象那把剑，环境的大船已经变了，而我们却还在那里原地不动，我们也会犯不该犯的错误。俗话说："变则通，通则久。"只要我们学会变通，许多事情都能变不可能为可能了，坏事也可能变成好事。

现实生活中，一些钻牛角尖的学者，一生都没有干出任何成就或一生都陶醉于那么一颗芝麻大的成绩里而无法出来，这是相当可悲可怜的。

开放是成熟的标志，宽容是成熟的前提，没有这两点，一个人是不可能开悟的，是干不出什么大名堂来的。

7. 懂得"自律"，是成熟的一种重要标志

自重、自省、自警、自律方能走端行正。

——北大课堂引用名言

"自律"是人成熟的又一重要的标志。"自律"即指在没有人在场监督的情况下，通过自己要求自己，变被动为主动，自觉地遵循法度，拿它来约束自己的一言一行。自律并不是让一大堆规章制度来层层地束缚自己，而是用自觉的行动创造一种井然的秩序来为我们的学习生活争取最大的自由。

现实生活中，很多年轻人之所以会一败涂地，其最主要的原因就是不自律。不自律的行为主要表现在以下三个方面：

（1）不愿改变自己。

主要表现为不愿意改变自己的思考方式、行为模式和坏习惯。其实，人与人之间没有什么区别，其主要区别就在于思考方式的不同和习惯的不同。许多人不成功，就在于其思考方式有问题。一个好的公式是：当你种植一个思考的种子，你就会有行动的收获，当你把行动种植下去，你会有习惯的收获，当你再把习惯种植下去，你就会有个性的收获，当你再把个性种植下去，就会决定你的命运。而如果你种植的是一个失败的种子，那你得到的就一定会是失败。如果你种植的是成功的种子，那么，你就一定会成功。

在做事情时，如果你相信你自己会成功，那你一定会成功。只要不断行动就会养成习惯，有了习惯，然后不断地去做，便能形成成功的个性。

许多人有很多坏习惯，比如：看电视，打游戏，打麻将，喝酒，

泡吧等，他们也知道这是坏习惯，但就不愿意改变。因为他们宁愿忍受那些不好的生活方式，也不愿意改变这种生活给他们带来的痛苦。

（2）愿意背后议论别人。

生活中，如果你喜欢在背后议论别人，那么有一天一定会给自己带来无尽的麻烦。要记住：论人是非者，定是是非人。

（3）消极，抱怨。

生活中，你比较喜欢哪些人呢？是整天愁眉苦脸抱怨的人，还是那些开开心心、大度的人。没人愿意和消极、抱怨的人结交，如果你是这样的人，那么，就想着去改变吧。否则，你将很难适应社会，很难与他人合作。

生活当中你要知道，你怎样对待生活，生活也会怎样对待你，你怎样对待别人，别人也会怎样对待你。所以你不要消极，抱怨。你要积极，永远地积极下去，就是那句话：成功者永不抱怨，抱怨者永不成功。

8. 苦难可以促使内心变成熟

苦难可以激发生机，也可以扼杀生机；可以磨炼意志，也可以摧垮意志；可以启迪智慧，也可以蒙蔽智慧；可以高扬人格，也可以贬抑人格——全看受苦者的素质如何。

——周国平

以有尊严的方式承受苦难，这是一项实实在在的内在成就，因为它证明了人在任何时候都拥有不可剥夺的精神自由。这其实是告诉我们，人生正是因为苦难才使人变得更为强大，内心更为成熟，它是人生的一种不可或缺的成就。

如果人生没有经历苦难，那么或许本身就是一种灾难。因为长期生活在安逸舒适、无忧无虑的环境之中，惰性就会战胜一切，无法优胜劣汰，人类也无法得到进化，社会也不会向前发展。而只要我们每个人都能认真地审视自己的内心，你便会欣然发现，点燃自己灵魂之光的，往往正是一些当时被视为磨难和困苦的境遇或者事件。

英国劳埃德保险公司，曾经从拍卖市场拍下一艘船。这艘船并不是普通的船只，它的一生也经历了诸多磨难和突如其来的灾难。

这艘船在 1894 年下水，在大西洋上面曾经 138 次遭遇冰山，116 次触礁，13 次起火，207 次被风暴扭断桅杆，然而它从没有沉没过。

劳埃德保险公司基于其令人惊叹的经历以及在保费方面给带来的十分可观的收益，最终决定将它从荷兰买回来捐给国家。现在这艘历经沧桑的船就停泊在英国萨伦港的国家船舶博物馆里。

不过，使这艘船得以名扬天下的却是一名来此观光的律师。那时，他刚刚打输了一场官司，委托人也于不久前自杀了。尽管这不是他的第一次失败辩护，也不是他遇到的第一例自杀事件。然而，每当遇到这样的事情时，他总有一种负罪感。他不知道怎样安慰这些在生意场上遭受了不幸的人。

当他在萨伦船舶博物馆看到这艘船时，忽然有一种想法，为什么不让他们来参观参观这艘船呢？于是，他就把这艘船的历史抄下来和这艘船的照片一起挂在他的律师事务所里，每当商界的委托人请他辩护，无论输赢，他都建议他们去看看这艘船。

这其实让我们明白：在大海上航行的船是没有不带伤的。虽然屡遭挫折，却能够坚强地百折不挠地挺住，直达成功，这便是它受人尊崇的秘密。

这个故事告诉我们，没有灾难，便没有成长。有人说，人类的脸就像一个"苦"字，天生就要受尽各种苦难的折磨。是的，人的一生，在自己的哭泣中出生，在亲人的哭泣中辞世，中间短短几十年，无时无刻不在和艰难、挫折、疾病、痛苦打交道。卓越的人生是需要经历一些痛苦和悲伤的，只有被伤过，你才能够学会坚强与沉默。所以，你要学会将痛苦与悲伤当成上等的咖啡粉，将思考当成滚烫的热水，煮成一壶又苦又浓的咖啡吧，喝了它，让它帮助你清醒。

9. 不要逢人便抱怨或诉苦

有人常常抱怨条件不好，运气不好，幸福离自己很远。其实他首先要做的是问自己：有没有感受幸福的能力。幸福也好，苦难也好，是要用心灵去感受的。爱情也好，亲情也好，也需要我们灵魂在场。能随时随地用心灵去品尝生活的味道，才有幸福可言。

——周国平

人不成熟的又一重要标志，便是逢人便抱怨或诉苦。在工作中，他们稍遇不如意的事情，便开始抱怨工作不称心，上司不够宽容，下属太不听话，薪水太过低；在家庭中，他们会抱怨孩子不听话，家务琐事太多，老公不够体贴等，总之，在这个世界的方方面面，他们都表现出不满的情绪，逢人便抱怨。要知道，你逢人便向别人吐苦水，你吐一次，内心就会痛苦一次，久而久之，这种负面的情绪就会渐渐地湮灭我们内心仅剩的一点点快乐与活力，最终你的内心便会变得抑郁起来，随之，痛苦和烦闷也会成为你生活中的一种习惯了。

丽丽毕业于名牌大学，工作也很好，但只有一个缺点，那就是爱抱怨。她总是牢骚满腹，逢人不是抱怨这个，就是抱怨那个，仿佛全世界的人都对不起她一样。在工作中，她不是抱怨那个太笨，就是抱怨这个太工于心计。在朋友圈中，她会当着一个朋友说另一个朋友的不好，好像这个世界上所有的事情都是令她讨厌的。

有一次，丽丽又和一位同事抱怨上了："你不知道，我们公司的其他部门的人太有心计了，老板太小气了，用人特别狠，总想用最少的钱让我们干最多的活，每天把我给累得不行，真的想辞职不干。还有我们公司的副总，一天到晚自己不干活，还不停地训斥别人，真是无法忍受了……"总之，她将公司所有的人都指责了一番。

一开始，面对丽丽的抱怨，朋友和同事都会好言相劝，让她摆正心态，但是慢慢地，他们见到她后，都会躲之不及。公司的同事和朋友给她起了一个外号叫"怨妇"，没有了朋友，丽丽整个人也变得抑郁起来，她感受不到任何的快乐。

要知道，这个世界上，没人会喜欢一个消极、负面的人，更没有人愿意忍受你的牢骚和坏脾气。不满的情绪必然会破坏你内心的平静，进而影响你的工作和你的整个团队，接下来势必还会带来更多被抱怨和相互抱怨，甚至成为招致祸根的源头。

生活中，每个人都不想成为他人情绪的"垃圾桶"，你无穷尽的抱怨，会给人带来极大的负面的影响，就好像将他人置于阴雨连绵之中，见不到一丝阳光。生活中，没有人喜欢生活在那样的环境中，为此，人们见到那些爱抱怨的人，一定会退避三舍，敬而远之，逢人便抱怨的那个人，自然也变得阴郁起来了。

俗话说："病从口入，祸从口出。"古往今来，因为不能管住自己的嘴巴，导致身败名裂甚至为此丢掉性命的人数不胜数。逢人便抱怨，不仅无法解决你的根本问题，还有可能会让你丢掉工作、丢掉人脉，甚至招致无妄之灾。与其如此，我们又何必非得逢人便抱怨不休呢？真正的勇者，他们从来不抱怨，他们总是能够冷静地看待世界，审视自己，最终成就自己。